幹得漂亮

WELL DONE

脫不花　著

U0140342

幸福
文化

✦ 推薦序 ✦

無論是回應批評、爭取資源，還是應對壓力與人際關係，本書都提供了實用且可操作的策略，幫助你在職場中穩步前進，輕鬆駕馭各類複雜情境。

——林依柔｜聲音表達講師

如何苦幹實幹，不如幹得漂亮，
漂亮不只為人，漂亮更是為己。

——郝旭烈｜郝聲音 Podcast 主持人

作者脫不花雖然學歷只有高中畢業，卻已是累積身價台幣 225 億的 CEO，相信你透過這本書會完全了解，因為她從上班第一天要就已經做好做到怎麼提離職的準備，面對每一次職場的變化，作者在這本書中闡述原來都是我們可以控制的結果。如果現在身在職場的你，本書絕對是值得你收藏的寶藏工具書。

——莊鈞涵（學姊 Carol）｜《只讀 20% 的高分應考術》作者、
「授ㄅㄟˇ私捏」podcast 主持人

職場工作者們最常遇到的難題，在脫不花精心解題之下，一道道有如 SOP 般明確、可執行，這就是她厲害的地方！

——愛瑞克｜《內在原力》系列作者、TMBA 共同創辦人

不論是面對批評、爭取資源，還是處理衝突，你需要搞懂職場遊戲規則、掌握發言權，而溝通就是你最大的武器。

——劉奕酉｜鉑澈行銷顧問策略長

長得漂亮不如說得漂亮，說得漂亮不如幹得漂亮，如何幹得漂亮？答案就在這本書裡等你讀出光亮！

——鄭俊德｜閱讀人社群主編

一本光看目錄就讓人想閱讀的書，那些你在職場上覺得哪裡怪怪的，卻又不敢開口問的問題，這本書通通都有解。

——館長小編 彭冠綸｜《療心圖書館》作者

上個月，我新聘了位影像企劃與節目製作，她本來有意往韓國、中國發展，最後落腳憲哥新事業。我請她看了簡介與部份書稿，直呼：「這就是我要的書，我知道怎麼幫忙憲哥了。」要幹得漂亮，就看脫不花。

——謝文憲｜企業講師、作家、主持人

◆ 序言 ◆
不要讓出你的控制權

20 歲的時候，我很害怕坐飛機，以至於出差都很辛苦。直到有一次，一位當過飛行員的前輩剛好坐在隔壁，他教我「亂流的時候就閉上眼、深呼吸，想像自己的手正握著搖桿，想像每一次的變化都是你控制的結果。」從那之後，我害怕飛行的症狀就好了。

對此，我有一個不怎麼有科學根據的解釋：如果只是忙於應付各種未知，人就容易精神渙散，心有餘而力不足。實際上，我們並不是被變化打敗了，而是被可能的變化給嚇住了。而那些有經驗的人知道，哪怕只是「假裝想像」自己有控制權，我們的感受都會好很多。

我很感激學到了這個小訣竅。二十多年過去了，每次遭遇突變、感到驚慌，我都會閉上眼，深呼吸，回想前輩說的那句話：「想像每一次的變化都是你控制的結果。」

以假亂真嘛，裝著裝著，假想像也變成了真自信。

到目前為止，我收到的最佳人生建議是一句斯多葛哲學的名言：「控制你所能控制的，接受你所不能控制的。等到你真的這樣想的時候，你就會發現，這世間大部分事情，你都能控制。」

———

職場上經常有人來問我一些自己遇到的難題，例如：

- 想要做點事情，但又沒什麼資源，怎麼辦？
- 上層因為一次錯誤對自己有成見，怎麼辦？
- 被安排超複雜的專案，經驗不足，怎麼辦？
- 有同事明裡暗裡不配合工作，怎麼辦？
- 加入新的職場，萬事起頭難，怎麼辦？
- 突然被調動職務，怎麼辦？
- 一到總結報告就木訥緊張，怎麼辦？
- 發現升職加薪的名單上又沒有自己，怎麼辦？
- 工作明明是我做的，功勞卻都是別人的，怎麼辦？

……

我知道，這些問題背後，有一個個患得患失的受薪階級。他們的工作狀態、時間投入、產出價值，好像都被別人牢牢控制住了。這種身不由己的痛苦，常常讓我覺得心疼，因為過去我也遭遇過。

既有報告時自說自話，被主管當場要求「回去想清楚了再來」的窘境，也因為處理不好與同事的關係，在重要項目中被邊緣化。我為自己的無知和莽撞付出過慘痛的代價。

但其實，不是非得付出這樣的代價。就像任何一名優秀運動員都要對比賽規則了解透徹一樣，作為上班族，我們也應該搞懂職場的守則，並且利用守則在職場確立自己的優勢。

職場的守則，經過一代代人的磨合與驗證，其實就擺在那裡。只要願意花點時間梳理、學習，就能長期受益。

寫這本書的時候，我內心始終有一個場景，就是我有機會坐在當年那位前輩的位置上，悄悄對旁邊那個看起來有點緊張的年輕人說：**別怕，每一次變化，都是你控制的結果——**

專案是否一定成功，是不可控的；在專案推進過程中學到更多的東西，是可控的。

升職加薪必然有你，是不可控的；將來你能在求職時找到更好的機會，是可控的。

上層主管是否對你有偏見，是不可控的；讓周圍的人普遍認可你的人品，是可控的。

周圍同事水準高低，是不可控的；單位用人優先想到你有領導力，是可控的。

你我都知道，一個具體的難題什麼時候發生，是不可控的。但提前學習解決問題的方法，是完全可控的。所以，這本書最重要的使命，就是帶你瀏覽一次職場上的常見狀況，讓你可以遠離內耗與糾結，減少無效加班和低品質的循環，節省出更多精力去做自己喜歡的事情。

你一定要明白，很多人看起來肯幹、苦幹，但往往也容易傻幹，而你要學會巧幹、能幹，還能把工作「幹得漂亮」。

明明是同樣努力，有的人總能創造出更好的成績。我希望，這個人是你。因此，這可不是一本教你更努力工作的書，而是一本教你更聰明工作的書。

————

這本書的寫作，其實貫穿了我從 2014 年開始創業的全過程。最初是因為發現有些加入我們公司（得到 App）的年輕人工作做得戰戰兢兢，把上級的回饋當成「宣判」，甚至在已經吃虧的情況下，還咬緊牙關不出聲。我在觀察之後才理解，他們很多是傳統教育體系中的「好學生」、「老實人」，不自覺把學生思維帶進了職場。

　　但職場可不是考場，不僅允許舉手發問、場外求助，甚至還允許「抄作業」、「走捷徑」呢！更何況，就業後，原則上就不會再有人給你出考題了。一個人所取得的成就，往往源於他為自己設定的目標、給自己設定的命題。

　　所以，我就開始幫同事上一堂課，在這堂課上提供一些行動方案，用來幫助大家更輕鬆地展開工作。十年過去了，一批批的新血加入，當然也有人離開，他們總會交接一份內部文件，叫作《今天你可真能幹》，正是此刻你翻開的這本書的原型。

　　也許你心裡還有些疑慮：這有效嗎？我不是你，我能駕馭這些方法嗎？我的環境跟你不一樣，我能運用一樣的思維嗎？

　　還記得我們說的那個小訣竅嗎？哪怕只是「想像假裝」自己能控制，也會好很多。因為這個「想像」的過程，其實就是你自己的測試過程：先試試。假設好用，我就加大劑量；假設不好用，我就借鑒思路、調整打法。

　　而我想請你放心的是，這本書裡的方法，除了在我們公司的同事之間從 2014 年驗證至今，還在過去三年裡，經過了十幾萬名線上學員的驗證和嘗試。他們之中有人在海外創業，有

人就職於新興產業，有人從事傳統產業，很多人在這個過程中經歷了重要的職場躍遷。從我收到的一封封好消息來看，這些方法，好用。

哪怕你所在的環境格外混亂和複雜，也請你一定要明白：很多時候你所遭受的不公平對待，並不是因為你真的不夠強，而僅僅是因為你「看起來不夠強」。**無論如何，表現出自己更強大、更職業化的樣子，讓自己因為專業的能力和冷靜的情緒而顯得「不好惹」，很重要。說白了，別人怎樣對待你，也應該是你自己能控制的。**

———

總會有人因為各式各樣的原因，想要奪走你的「搖桿」，想要用他們的標準來評判你、塑造你。但是，請記住，不要讓出你的控制權。

你終將擁有一個自己說了算的人生。記得每天都要對自己說一句：

幹得漂亮！

脫不花

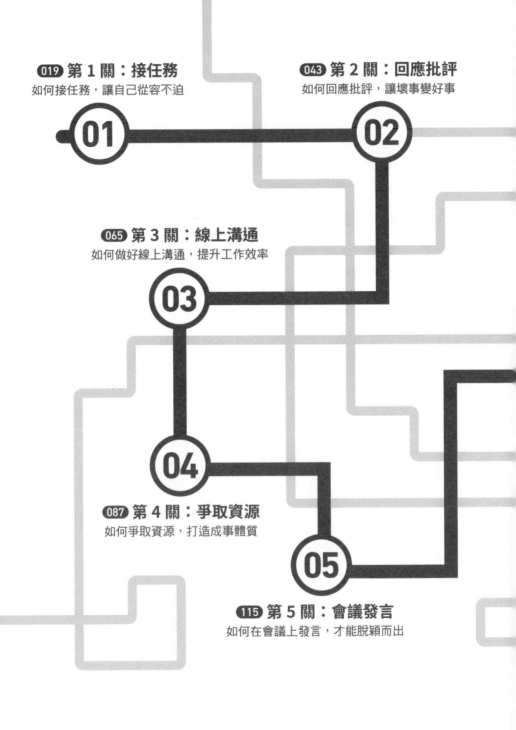

PART TWO
職場攻略

PART ONE

行動  方案

—— ACTION PLAN ——

第 1 關

接任務

◆ 如何接任務，讓自己從容不迫 ◆

◆ 關 卡 ◆

主管給的指令過於簡單，
怎麼接？

主管交辦的工作我不會，
怎麼辦？

工作量飽和，接不了新任務，
怎麼辦？

___

◆ 道 具 ◆

反述溝通法｜救生員法｜置換法

任務、工作、職務，其實都是一個意思：我們要承擔某項特定的責任，透過某類特定的方式，交付某種特定的成果，從而達成最終目標。主管指派工作，下屬接收工作，這種互動構成了我們在職場的日常。

這看起來不難——主管指派了一個工作，我們聽話去做就結束了；但到執行的時候才發現，有一堆問題等著我們——

明明週五才到 deadline，主管週三就來問：「現在進度到哪裡了？」明明是前一天晚上剛交辦的任務，加班趕進度好不容易快弄完了，第二天一上班主管就過來：「小王，昨天那個專案我有些新想法，要和你說一下。」明明是按主管說的去做的，主管看了一眼卻問：「你怎麼會這麼做？」

作為當事人，我們很容易產生一種挫折感：主管為什麼一直變換想法？他到底是什麼意思？甚至，他是不是在故意針對我？

別急，接任務本身就是一種工作能力，如果你掌握了這種能力，你的工作狀態將會是另一種光景——不僅當下就能和上司達成共識，還會在獲得支持的前提下，從容不迫地開展工作；哪怕在執行過程中遇到困難，主管不僅不會怪你，還會主動幫你。那要怎麼培養自己接任務的能力呢？我們一起去工作場景看看。

1

主管給的指令過於簡單，怎麼接？

你可能經常聽到這樣一句話：「這件事你追一下。」主管一句話就說完了，但作為下屬，你完全摸不著頭緒。什麼叫追？追什麼？怎麼追？於是你脫口而出：「那我怎麼追啊？」

對方一聽就不耐煩了：「你先自己研究研究。」急性子的主管甚至會說：「是你做還是我做？過程怎麼辦你自己想辦法，我只看結果。」

你看，平白無故挨一頓罵，還是不知道接下來要怎麼做。

來，同樣的問題，我們看看一個會接工作的人聽到會怎麼回應：**「我了解，您是讓我先去跟進 ×× 專案。接下來，我準備分成這幾步來做，這樣 ok 嗎？您幫我確認一下。」**

有發現嗎？一旦你們的對話落到行動計畫上，主管好像就沒那麼忙了，也願意停下來聽一聽了。而在這個過程當中，如果覺得你的工作規劃跟他想的不一樣，他就會再跟你多說兩句。

那個讓你一頭霧水的指令一下就變得清晰起來。

—

反述溝通法

如果你看過我的上一本書《溝通的方法》，那麼上文用到的反述溝通法，你應該不會陌生。透過反向敘述，跟對方要多

要些資訊，這個方法通常可以拆分為三步。

第一步，重複主管交辦給你的工作

對，重複說一遍即可。因為這一步太簡單，所以反而很容易被忽略。但當你重複任務時，其實就是在告訴對方：我有認真聽你的話；我沒有擅作主張，我重複一次我的理解。

這是不是釋出了一個積極且善意的溝通訊號？

第二步，說說具體規畫

這一步是在用具體的行動步驟跟主管達成共識：「根據我現在的理解，我準備這麼做，您看看對不對？」主管覺得哪裡不對，就會糾正。這樣你不就知道什麼是對的了嗎？

當然，在實際狀況中，我們因為緊張或者沒有經驗，通常還不能把行動步驟一條條列出來。沒關係，你可以先說第一步準備做什麼：「**主管，我理解您是讓我跟進 ×× 事。那麼我先去找李前輩討論一下，討論完了再和您確認下一步的工作，您覺得 ok 嗎？**」

這樣做沒有為什麼，目的是要把主管帶到具體的行動規畫中。所以，說說你的第一步計畫，讓雙方不再空虛地交談，接下來的溝通就會變得比較務實。

第三步，達成任務標準的共識

這一步非常關鍵。如果直接問：「主管，您覺得要怎麼執行這個專案？」很不妥，這樣不就變成「推卸」了嗎？你其

實可以請教：「**我準備這麼做，不知道是否合適，請您幫我確認。**」讓主管自己說怎麼做他會滿意，就可以避免我們做白工。

你看，先重複任務的內容，再說行動步驟，最後跟主管確認目標——這三步連起來，就能讓主管感覺到，他發配的一個任務，你不只有認真聽，還認真思考、主動想執行方案。先不管結果如何，一個可靠的印象就建立起來了。

至此，我還有一個提醒：如果你承接的任務比較複雜，那麼做完上面的步驟以後，你可以再傳訊息給主管，跟他做個確認。這主要是為了避免「早上剛對完，下午主管又改變心意」的情況。訊息怎麼寫，我有一個範例（P.26 表 1-1），建議你現在就把它貼到手機備忘錄。以後遇到這種需要確認複雜任務的時候，直接複製、貼上、填空、發送。是不是很簡單？

【練習】
主管經常臨時起意給我工作，怎麼辦？

我知道一定會有讀者提出：「我不一樣，我情況例外。」比如，「我主管每到下班就來一句：『這件事你了解一下。』搞得我經常被迫加班。」

這狀況很常見吧？覺得主管沒人性吧？

其實，主管在下班前交辦工作，很有可能是他的一個

「壞習慣」。他怕自己明天忘了，先和你說一下，不一定是讓你現在就開始做。

　　所以，為了避免無效加班，你可以用反述法溝通：「好的，主管。這件事我聽懂了，我準備這麼做……明天中午前回覆，ok 嗎？」

　　你看，一句話就默默地把任務轉移到了我們自己的節奏裡，明天再做。

　　大多數情況下，主管會說：「可以，你自己安排吧。」少數情況，也就是這件事真的特別急時，他會跟你說：「明天中午來不及，今晚就得完成。」

　　主管如果真的這麼說，我們一定得配合。但這樣溝通，確實能避免讓你陷入非常不舒服的狀況——接了工作後默默加班，但這件事其實不那麼急，他只是趕著交辦給你。

　　所以，在很多人以為的「特殊情況」裡，我們的反述溝通法依然可以發揮作用。

2

主管交辦的工作我不會，怎麼辦？

解決了「主管說得過於簡單，無從下手」的問題，我們來

表 1-1　任務確認訊息範例

_____（主管名），

跟您報告剛才您交辦的_____工作後續
的具體規劃。

我打算這樣做_____。
並會在____月____日報告進度。

看一個更複雜的挑戰——主管安排的工作我從來沒做過，不會做。比如，「公司下個月要舉辦一個活動，你來帶頭計畫一下」。

這下好了，完全沒經驗，當場就暈了。很多人會憑本能回應，可以說是嘴巴動得比大腦快：「好的，收到。」任務是接下來了，但不會做啊，只能回去埋首研究。但如果只是埋頭苦想，通常想不出什麼好的執行方案來。

怎樣溝通，才能接下這種讓人一無所知的任務呢？

其實你可以這樣回覆：「**好的，主管。我了解，您希望給我一個機會完成這件事並展現實力。但是老實說，這件事我確實沒有做過。您能不能指點一下，以往這類活動是哪位同事負責的，我先去請教他。**」

這還沒結束。當主管告訴你：「以前是王前輩負責的」這時候，你要趕緊接一句：「**好的，我馬上去跟他請教，請教完了，我列個初步計畫再跟您討論。**」這兩段話說完，你會發現擺在你眼前的問題不一樣了——原先是完全不會做，覺得主管要拿這個任務考驗你；現在，你不僅從主管身上取得了資訊，還可以繼續往下推進。

一

救生員法

這樣的改變之所以會發生，是因為我們用了一個非常重要的溝通方法：**救生員法**。我們都知道什麼是救生員，就是在關

鍵時刻能救我們的人。放在執行任務的語意裡，救生員就是我們可以尋求支持、指點的人。我在《溝通的方法》裡講過，找到「職場救生員」，相當於給自己找了一個堅實的後盾，對於進行陌生任務時特別有幫助。

下次遇到不會做的工作時，你就可以分兩步來溝通。

第一步，問「誰能幫自己」

這相當於從主管那為自己爭取一個「救生員」，之後不僅可以跟他了解任務的詳細資訊，也能向他學習以往的成功經驗。

而要想拿到「誰能幫自己」的資訊其實不難。主管當然知道你沒做過這件事，他當然也希望你能乾淨俐落的完成事情。所以他很可能會給你指個方向：「你去問問王前輩，去年的活動是他辦的。」還有的主管很熱心，會直接把相關同事叫過來：「來，老王。小李之前沒做過這件事，你接下來多帶他。」

有主管這句話，執行起來是不是就沒那麼手忙腳亂了？

第二步，向主管報告，以「留個彈性」

為了方便後續跟主管再確認。你一定要有這個意識——不是向「救生員」求助完就悶頭去做，還應該留個彈性，找時間再跟主管報告一次。我這裡說的報告，不是非得當場攔著主管。如果你從「救生員」那裡了解到，任務不難，沒做過也很快能上手，那麼直接給主管傳則訊息就可以：**「主管，我向王前輩請教了這件事，根據我的理解擬定了一個規劃，準備分成一、二、三這麼做……您看看這個具體執行步驟合不合適，請指示。」**

注意，當你請主管確認這種原先沒做過的方案時，重點是要確認什麼？

　　是執行步驟，也就是第一步、第二步、第三步分別打算怎麼做。理由很簡單，面對這種沒做過的項目，其實很難很快拿出一個完美的方案。我們也別對自己有這麼高的要求，先把步驟釐清楚就行。主管一看哪個步驟有問題，就會及時點出：「你過來，我再跟你說明一下。」相反，如果他沒意見，那很好，我們就按照步驟往下推進。

　　沒錯，不是非得拿出一個完整的方案，才能跟主管討論。重要的是留下一個工作對接的彈性，讓雙方之間不斷有互動。這樣一來，你就不是孤獨地苦幹了，而是在主管和「救生員」的雙重幫助下執行工作。

————

　　當然還有一種情況，就是你跟「救生員」溝通完後發現，這個任務很複雜，跟你之前想的不一樣——本來覺得三天就能搞定，現在覺得需要一周；本來覺得一個人就能完成，現在發現得發起一個跨部門的專案組才可以。

　　這個時候你千萬別忍著，梳理步驟前就應該向主管回報：**「您之前交辦的任務，我去跟王前輩請教了，這件事具體怎麼做已經明白了。但是我草率了，按照之前的理解，以為這件事三天就行。但請教王前輩後，我們一起盤點工作量，需要五天，大概下週一能出具體規劃。您看這個進度可以嗎？」**

　　一定要及時向主管告知你的困難，千萬不要默默承受。因

為只有充分了解情況，主管才能根據他整體的安排，決定是要接受你的進度，還是及時干預。比如，他可能會告訴你：「時間不能妥協，依然要本周交付，但可以給你增派兩個人手。」

哪怕主管非常無情地表示什麼都不能讓步，讓他知道你的難處也是很重要的。這可以避免陷入兩種情況：

一種是工作安排已經超出了你的能力和負荷，但是主管並不知道。這會造成「催促進度」的惡性循環，你也可能因為到時候交不出結果造成工作損失。另一種更糟糕的情況是，本來進度就已經落後了，但是你出於「覺悟」選擇孤軍奮戰，不及時預警，那主管肯定會因為不了解情況，在拿不到交付成果、造成工作損失時暴跳如雷，上下級間的信任關係也會被破壞。

最後，我把上面提到的兩種情況做成了溝通範例（P.33 表 1-2 和 P.34 表 1-3），向主管同步那些簡單或者複雜任務的進度時，你可以快速取用。

【練習】
主管給我的任務，部門內沒人做過，怎麼辦？

接下來的這道練習來自我的一個讀者。他遇到的問題看起來有點特殊：「主管要我接手一個創新任務，我不知道怎麼開展，部門內也沒人做過。請求資源支援，主管也

表示沒這個資源，怎麼辦？」

　　這是不是很令人頭痛？別怕，我先帶你拆解一下，為什麼主管這時候不願意給資源。這很可能是因為他自己心裡也沒想法，不確定工作能展現出什麼樣的成績。前期如果貿然投入大量資源，後續沒有好的結果，造成損失，很容易讓人覺得他的決策有問題。所以，主管在這個階段表現得比較保守，讓你先去嘗試，是很正常的。

　　那這個問題是不是沒解法了呢？當然不是。還記得前面說的「救生員法」嗎？我們還是可以從問「誰能幫自己」開始，來發起討論：「您知道業界誰之前執行過類似的項目嗎？我去請教他一下。」

　　部門內沒人做過，不代表主管不認識外部專家啊！他很可能會說：「我認識某公司的一位專家，我介紹你們認識一下。」你看，這不就有有效資訊了嗎？是不是比我們自己盲闖亂撞可靠許多？

　　當然，如果主管確實沒有外部專家資源，那我們自己就先做一輪研究。你可以跟他說：「雖然我沒做過，但是我可以學。我先搜集一些資料，明天下午四點，來跟您報告一下能找到的資訊。」

　　這裡我給你一個想法。你可以參考三個方向收集資料，分別是上下游公司、競爭對手以及跨行業的一些實踐

經驗和數據。這些組織可能操作過類似的創新項目，朝著這三個方向廣泛地請教，你很可能就會拿到想要的研究資料。這個時候，你就該跟主管回覆了：「我和您報告一下進度。昨天我主要研究了市面上關於這件事應用最廣的三種方式。按照現在的研究，我理解我們的第一步可以這樣做⋯⋯我們是不是先這樣嘗試一下？」

既然這是一個創新項目，主管自己也沒想好具體該怎麼做，他也沒指望你在短時間內就做出很大的成就，當你報告完，他覺得你不僅態度積極，還有自己的邏輯，很可能就會說：「可以，先做做看。」在這個場景中，更重要的是讓主管看到你是一個有擔當的下屬，你不怕扛責任，還能推動工作。這個時候，我認為你已經成功了一半。

3

工作量飽和，接不了新任務，怎麼辦？

我們來看接下工作的最後一塊內容。

有的工作我們不是聽不懂，也不是做不了，單純是因為工作量飽和，沒法「接單」了。

這個問題常發生在有資歷的人身上 —— 就因為你辦事可

表 1-2　計畫同步範例（簡單工作）

主管，跟您報告進度，我向 _____（救生員）請教了一下，他詳細說明這個工作該怎麼執行。

我也根據我的理解做了一份執行規劃，接下來打算分成以下階段來做：

第一階段，_____。
第二階段，_____。
第三階段，_____。

第一階段會在___月___日完成，我會在這個時間跟您同步報告工作進度。

表 1-3 計畫同步範例（複雜工作）

主管，跟您報告進度，我向 _____（救生員）請教了一下，他詳細說明這個工作該怎麼執行。

之前我以為這個工作可以按 _____（時間／執行人數）的標準完成。

了解工作細節後發現，需要 _____（時間／執行人數）。

我規劃了一下，需要 _____（資源），想請問這樣執行可以嗎？

靠，所以無論大事小事，主管第一個想到的就是你。但一堆工作全壓在你身上可不行，必須找到解決方案。

我們先看反面案例，那就是心裡一陣委屈湧上來，直接拒絕：「主管，我工作量太大了，無法接收這麼多事務。」

主管當下可能不會說什麼，但是他心裡一定會產生一個不好的印象：翅膀硬了，不配合了。等到你要晉升的時候，「團隊精神不夠」的標籤就貼在你身上了——我們可不想要這樣的下場。

一
置換法

那這種情況除了直接拒絕，還可以怎麼做呢？你其實可以更積極地引導對方。比如像這樣溝通：「**好的，主管，收到。但我現在手上同時在做三件事：第一是……第二是……第三是……，新工作很重要，沒問題，我按第一優先順序去做，但是我想跟您討論一下，剛才說的第二件事感覺不那麼急，是不是可以往後延？您覺得這樣的進度可以嗎？**」

請注意，這就是溝通中的置換法。我幫你拆解一下，剛剛這段話其實傳達了兩層意思：

第一，承接工作。也就是表明自己積極主動的態度，我願意承接新工作。

第二，跟主管同步報告手邊正在進行的工作，提出置換。也就是要我做新工作 ok，但原本的工作能不能往後挪？

這就意味著，你接工作的時候應該在大腦裡快速思考一下，哪件事可以往後挪，我們自己主動提出建議。在用置換法和主管交流時，要注意避開兩種表達方式。第一種是自己完全不整理當下狀況，把一堆工作推到主管面前說：「主管，我要做的工作有一二三四五這麼多，您可以幫我排序嗎？」對方聽到肯定會反問你：「這是怎樣？示威還是『推卸責任』？」

第二種是一開始就談條件：「主管，我也不是不能做，不然您幫我在這件事上再加個人手？」很多威權型的主管肯定會衝動地說：「能做就做，不能做拉倒，不要跟我談條件。」

你看，本來這是個工作量大的問題，我們商量討論後有的是辦法，但如果你沒處理好，一下子就破裂，後續雙方就沒辦法再溝通了。

所以，遇到這個問題，你要先表達我理解，我願意，我一定努力配合；然後再給對方提供一點資訊，雙方對焦一下。比如，新任務是不是絕對的第一優先順序，還是做完手邊的事再做也可以。

為什麼要這麼做呢？我跟你說，你的主管很可能並不了解你現在手邊上正在忙什麼事情，他就是習慣了遇到新工作第一個就想到你。而經你這麼一提醒，他就知道了：哦，原來你在忙這幾件事，我忘了，還是原來那件事更重要。他可能就會

把幾件事情的優先順序重新排序：「新任務沒有你想得那麼著急，我就是先跟你說一聲。你先把手邊上的事穩穩地做好，這件事之後再做。」你看，這個新工作是不是沒那麼緊急了？如果你覺得置換法不好記，那我再告訴你它的另一個名字「Yes, if」，翻譯過來就是「好的，如果……」如果你在一些談判場合用過這個方法，就會發現雙方好像不再針鋒相對了，事情也有了轉圜餘地。

但也有讀者跟我說：「花姐說的我都懂，但是一看到主管就好緊張；一緊張，溝通的時候根本想不起來自己在幹什麼，也顧不上『Yes, if……』了。」

這是不是在說你？我知道，你平常做的事很可能還特別瑣碎，要是一條條的跟主管說，他肯定聽不下去。怎麼辦？

好辦好辦，方法就是別等到主管找你的時候再去想工作優先順序。你要養成一個習慣，每天花兩分鐘，把自己的工作優先順序排列，記到筆記本上。

養成記錄習慣的好處很多，我馬上能想到的就有這麼幾個：你這樣是在幫助自己釐清思路啊。我們就怕每天都覺得很緊張，但其實並不知道在緊張些什麼。把任務排序清楚，一件件落實下去，你在工作時間裡就會變得更放鬆。還有，萬一主管突然交辦新工作給你，你覺得確實很忙很累，無法接，那你就可以把這個筆記本拿出來說：**「主管，我現在正在為公司後天的活動做準備。」**

你看，這不是為了跟主管談條件臨時編的，而是為了避免

我們一緊張就說不清楚話的情況。

這裡我幫你整理了一個工作計畫範例（P.39 表 1-4）。強烈建議你養成勤做記錄的習慣，在前一天晚上或者第二天早上到座位上後，先花兩分鐘梳理工作的優先順序。

【練習】
你是老手，你的工作別人很難接手，怎麼辦？

說了那麼多工作量飽和，接不了新事務的情況，最後我們來看一個具體問題。一位讀者告訴我：他在一家公司工作 10 年，剛發現自己竟然樹立了這樣一個人設——公司哪個組需要使用者分析報告，主管都會推給他。面對成堆的需求，他有點不知所措。

首先不得不感嘆一句，我們這位讀者肯定是用戶分析方面的專家，而且是從主管到同事都公認的專家。這是職場的勳章啊。

但是工作這麼多，做不完也不是好事。所以，如果你是這位讀者，下次主管再找你的時候，就要用前面我們說的置換法來回覆：「了解，主管。這個新工作很重要，是不是今天就需要完成？跟您討論一下，我手頭另外那件事是不是可以晚兩天再執行？」

表 1-4　工作計畫範例

____年____月____日_____工作計畫

排序 1：_____（10：00 完成）

排序 2：_____（14：00 完成）

排序 3：_____（18：00 完成）

排序 4：_____（明天上班前完成）

而如果你已經被催促進度，就不應該止步於此——你用來置換的那個「if」還可以更積極主動一點：「我一個人確實有點忙不過來。您看是否 ok？我準備一個培訓資料，關於用戶分析，我幫大家做一個基礎培訓，範本也都給大家，讓大家都能上手。遇到一些關鍵問題，大家可以來問我。您看這樣可不可以？」

　　主管一聽，覺得你很可靠，不僅自己願意做事，還不藏私，願意帶別人。這樣的下屬在未來晉升的時候會被視為有管理潛力的人，也更有可能優先獲得晉升的機會。

◆ 花姐幫你畫重點 ◆

　　接工作的過程，要搞清楚四件事：我要解決什麼問題、我的責任是什麼、對方要求用什麼方式執行、交付成果時按照什麼標準驗收。回頭看第一關的全部內容，你會發現：接工作的關鍵不是接，而是要。

　　接，是被動承受。要，是主動探索。

　　要什麼？要的是訊息。我提供的所有方法，都是幫你在有限的溝通裡多要點資訊——

　　工作交辦得過於簡單，你用反述溝通法要到了執行標準。

工作不會做，你用救生員法要到了一條輔助道路。

工作飽和接不過來，你用置換法要到了優先順序。

訊息量變了，工作任務的性質往往就變了。我們所追求的，就是看懂變化，從容不迫地迎接挑戰。

我的行動方案
學而時習之，請在這裡記錄你的思考和改變

我決定做出一個改變：

我用新方法解決了一個問題：

我的感受：

WELL DONE

第 2 關

回應批評

◆ 如何回應批評，讓壞事變好事 ◆

✦ 關 卡 ✦

犯了錯被批評，
怎麼辦？

被主管誤會了，
怎麼辦？

被主管諷刺了，
怎麼辦？

✦ 道 具 ✦

冷卻法｜採訪法｜點破法

第二關要討論的問題「怎麼回應批評」，應該是很多人的剛性需求。

我見過很多上班族，平時做得不錯，溝通能力也都在水準之上，但是一被批評，壓力一上來，就表現得很情緒化。有時候哭哭啼啼，有時候情緒崩潰，有時候憤怒挑起是非。

你看，事情還沒解決，就已經先被扣上「抗壓能力差」的帽子，這樣可不妙。事實上，批評每天都在職場發生，每位上班族都會遇到出了錯被主管批評的情況，這是常態，並不是什麼讓天塌下來的大事。如果能以正確的方式回應，批評不僅不會影響我們和主管的關係，反而還能重塑主管對我們的印象。

下面我們就用最典型的三類批評情景，來看看具體的解決方案。

犯了錯被批評，怎麼辦？

我先還原一個常見的場景，你可以看看平時工作中有沒有遇到過類似的情況。

主管上周交代一個任務給你，結果你忘了，今天來問進度時發現你還沒開始做，那麼一場批評在所難免：「我不是早就跟你說這個工作了嗎？怎麼到現在還沒動靜呢？」

這時，很多人會反射式地解釋道：「我不是故意的，是手

邊的事太多了。」「我在做您昨天交代的那件事，所以還沒做這件事」。但不解釋還好，一解釋反而提油救火。

所有解釋本質上都是在說：「我雖然錯了，但是我錯得有一定的原因，你聽聽我的原因。」所以，即便你再振振有詞，主管也還是不想聽——忘了就是忘了，沒做就是沒做，哪來這麼多藉口？那除了這種無效解釋，還能怎麼回應呢？

—

冷卻法

你不妨試試這樣說：「**對不起，是我沒有掌控好進度，讓您著急了。我現在立刻調整，趕上進度。我預計半個小時之後先提出一個輪廓跟您對焦，您看可以嗎？今天之內我一定可以完成。**」

我相信脾氣再大的主管聽完這段話，情緒也會和緩一些。哪怕再說你兩句，他也是在「順著台階下」。而只要雙方進入「如何快速補救」的狀態裡，這場批評就暫告一段落了。

———

同樣是犯錯，同樣是說對不起，一種說法是在提油救火，另一種說法卻發揮了「滅火」的效果。我把上面示範的這種溝通方法稱為**冷卻法**，顧名思義，就是當我們應對批評時，要先「冷卻」對方的情緒。只有情緒問題被妥善解決了，主管才會就事論事，我們也才能保護自己，避免被過度指責、無限上綱。

為了讓冷卻法真正發揮作用，接下來的三個動作——**承擔責任**、**確認行動**、**確認時間**——你要記住。

第一個動作，承擔責任

承擔責任說的是，你犯了錯，主管也看到你犯了錯，不管你願不願意承擔，這個責任肯定被主管認定成是你的了。所以，你的最佳選擇就是主動擔責：**「主管，對不起，這件事的確是我的責任，是我在 ×× 環節犯了錯誤，才會導致這個問題發生。」**

請注意，雖然很多人心裡是認同這種做法的，但就因為沒學過溝通，話一說出口，責任沒擔上，反倒成了提油救火。比如，一個重要的會議你沒按時到場，主管很生氣，你卻對他說：「對不起，主管，路上塞車，所以我遲到了。」對方聽到就會反問你：「今天塞，明天塞不塞？一塞車你就會遲到是不是？」

我們雖然道了歉，但並沒有擔起遲到的責任，反倒是把問題歸咎於外部環境——錯在道路交通，不在自己。不光是單位主管，你的家人朋友聽到這種說法，也一樣會生氣。

所以，**在承擔責任的時候，你一定要記住一個詞：從自己身上，而不是從別人那裡找原因。**同樣舉上面那個遲到的例子，你可以說：「對不起，因為我沒有早點出門，所以遇上塞車遲到了。」這種回應方式就要比說「路上太塞了」更容易被對方接受。因為問題的解法就在你手裡。

第二個動作，確認行動

　　用「我」字開頭，說說那些發生在自己身上的可控因素。但這還沒結束，雖然你暫時承擔責任了，但對方還等著你解決問題呢。所以接下來馬上要**確認行動：「主管，接下來我準備這麼做，第一……第二……第三……這件事預計 ×× 時間可以完成。您看這樣 ok 嗎？」**

　　只有拿出具體行動補救，對方的關注點才能從「你知道問題有多嚴重嗎？」轉移到「接下來怎麼處理能解決問題」，這場批評對你造成的負面影響才不會繼續加深。

第三個動作，確認時間

　　確認具體行動之後，接下來是跟對方確認時間。這是因為，對於什麼時候有結果，主管期待的時間表跟你的可能不一樣。你不主動告訴他什麼時候「補交作業」，等到他著急慌忙來驗收，發現問題還沒解決時，怒火就會被重新點燃：「你看看，都已經犯錯了，怎麼補救還這麼不及時，怎麼這麼不負責任？」

　　所以，和主管確認時間，就是在主動管理他的預期。你可以這樣說：**「主管，您提到的這幾點我已經記下來了，一定做到位。我想跟您約今天下午 5 點，當面再和您回報一下我們解決問題的進度，您方便嗎？」**知道錯誤什麼時候會改正，對方心裡才能踏實。他踏實了，你就能安心回去工作了。

　　在前面這段回應話術裡，你要特別關注「兩個當」，**當天**

（今天）和**當面**。

第一個「當」說的是，當天就要給對方回饋，千萬別拖到隔天。我們可能心臟很大，想著等第二天、第三天有結果了再去找主管。但主管可能聽到他人給了點什麼資訊，又被燃起怒火，等你再去找他的時候，問題莫名其妙就被放大了。這完全沒必要，當天的問題，當天解決。

哪怕一天時間處理不完，你也可以先向主管回報進度，讓他知道你已經在解決問題的正軌上了。這樣才能把錯誤的影響控制在最小範圍內。

第二個「當」是，如果只是發訊息告訴主管已經解決問題，對方很可能「已讀不回」，或者根本就沒看到。沒有主管的回饋，你心中就不踏實，因為你不知道這件事是不是還在影響他對你的看法。所以，只有當面看到他的反應——只要你態度誠懇，一定能當面看到——你才能放下心裡的擔子，輕裝上陣。

看完回應批評前前後後要做的幾件事，你可能會有些小委屈：為什麼都是我在做？為什麼主管不能提升一下個人修養？

你確實可以這麼想，但請注意，身在特定的職場環境，主動承擔責任、解決問題，其實是我們唯一正面的、正能量的做法；除此以外的其他做法，都是把自己的命運交到別人手上去決定，會大量消耗我們的精神和能量，實在沒必要。

所以，別假裝自己有很多選擇，收拾好情緒，做好上面說的三個動作，然後參考一下我為你準備的範例（P.51 表2-1），再向主管回報一次。特別是要讓對方知道，經過此次教訓，未

來你會如何行動，不會讓同樣的錯誤再次發生。

等你拿出這套面向未來的行動方案，主管一看：這次犯錯確實不應該，但是批評產生效果了，這個下屬自我反省的態度很優秀，抗壓能力也不錯，遇到問題還能積極想辦法、勇於承擔責任，是位好員工。

所以，哪怕你犯了錯誤，也不見得不能給對方留下好印象。

2

被主管誤會了，怎麼辦？

學會了用冷卻法處理對方的情緒，就可以回應常規的批評了。但還有一種比較特殊的情況，就是我們好像沒犯什麼錯，卻被主管誤會，莫名其妙挨了頓罵。

比如說，主管要招待客戶，請你去訂間餐廳。你訂好以後告訴主管，結果他突然生氣了：「怎麼訂這家餐廳？我沒跟你說今天來的人特別多嗎？這怎麼可能坐得下？你這樣訂真沒sense。」這可把你搞得一頭霧水。

明明訂這家餐廳是主管不久前自己說的，「以後接待客戶，都安排在這裡」，怎麼說變就變？你很想解釋反擊：「主管，之前是您讓我訂這家餐廳的。」「主管，您確實沒跟我說總共有幾個人。」

表 2-1　回應批評範例

❶ 同步進度	主管，跟您報告一下＿＿＿＿＿＿＿的處理進度。您交代的幾件事： 第一：＿＿＿＿＿＿＿＿＿＿＿＿＿＿。 第二：＿＿＿＿＿＿＿＿＿＿＿＿＿＿。 第三：＿＿＿＿＿＿＿＿＿＿＿＿＿＿。 我分別已經完成到＿＿＿＿＿＿＿程度了。
❷ 再次道歉	這件事的確是我的責任，是我＿＿＿＿導致的。
❸ 未來計畫	為了避免同樣的情況再次發生，接下來我會這麼做：＿＿＿＿＿＿＿＿＿＿＿＿＿＿。

一

採訪法

遇到這種特殊情況，我建議你別急著為自己辯解，而是這樣處理：「**好的，主管，我了解這家餐廳不符合您的要求。我跟您確認一下，今天晚上有 12 個人要來，還要正式聊一聊業務的事，我需要訂一個有窗戶的大包廂，這樣對嗎？我先去聯繫一下附近的 ×× 餐廳，看看有沒有符合標準的包廂。20 分鐘之內我一定回報情況，請您看看哪個合適，好不好？**」

這樣處理有個顯著好處，就是不管對方之前是不是誤會了你，你猜想的那個原因對不對，至少他願意跟你對話，而不是反過來給你貼一張「就算我沒說，你不會自己想想嗎？一點主動性都沒有」的標籤。找出問題點是解決被誤會的唯一途徑。

接下來我為你介紹的**採訪法**可以在你被誤會時，幫你釐清問題出在哪，對方到底想要什麼。

前面那個幫主管訂餐廳的例子可能有點極端，但你要知道，當你在溝通中發現對方的情緒莫名其妙地上來，甚至不分青紅皂白誤會你的時候，往往是他有什麼特別著急、上火的理由沒告訴你。此時，你要把主管當作你的採訪對象，透過三個步驟完成一場「採訪」，分別是**接納**、**探索**、**請求**。

第一步，接納

你越想要當場撇清，有的主管就越會把一頂更大的帽子扣

在你頭上。所以別管對方是否誤會，我們先把他說的接下來。

如果你跟這位主管關係不錯，那就大方承認：「**主管，您說得對，沒辦好這件事是我的責任。**」而如果你跟他關係一般，覺得「都是我的責任」這樣的話說不出口，可以這樣說：「**主管，我知道這件事沒有達到您的要求，讓您失望了。**」

其實，你說「讓您失望了」的時候，也是在承擔、接納對方。更何況，比起追究到底是誰的責任，我們先解決問題好不好？

第二步，探索

你可以參考記者的做法，先假定一個思路，拿出來跟對方核對。在這個過程中，你通常可以探尋到更多真實資訊：「**主管，我反思一下現在的問題，您看我理解的正不正確。問題主要是出在這個地方，原因是……您覺得是這樣嗎？**」

你猜得準不準、理解的對不對其實沒那麼重要，重要的是拋磚引玉──只有先說出自己的想法，主管才有可能在此基礎上說得更多，包括釐清楚問題究竟出在哪裡，以及接下來該怎麼辦。

第三步，請求

這個時候，馬上進入**最後一步，請求**。說一說接下來你打算怎麼做，請對方幫忙把關：「**明白了，接下來我打算……去處理這件事，預計……時候完成，這樣可以嗎？**」前面我們犯錯，可能是不清楚主管的標準，也可能單純就是被誤會了。那我們在補救的時候是不是就別悶頭想了，而是讓對方直接做決

策？不為別的，就是為了一次做對，避免來回拉鋸，把這個問題的負面影響控制到最小。

至此，怎麼用採訪式的溝通方法應對批評，尤其是應對那些讓人摸不著頭緒的、被誤會的批評，我已經介紹完畢。但我不建議你停止溝通——因為你還要告訴主管，你被誤會了。

千萬不要保持沉默。因為你這麼做，對方不一定知道，更不一定領情。所以，還是按照「當天、當面」原則，你可以主動跟他聊一聊：「**主管，這個問題已經解決了，我不得不借膽跟您說一句，我真的有點冤枉。**」

這個時候，你就可以把「為什麼你是被誤會的」提出來，再補充一句：「**我現在說這些，不是說我怕被誤會了或者我有情緒。我只是想跟您說一下，然後我也想向您請教，以後遇到這種情況，我該怎麼處理會更好。**」如果你之前的補救動作本來就很不錯，再加上這樣一段話，主管基本就心軟了，已經要拍拍肩膀哄哄你了。你所做的澄清，他當然願意照單全收，那你也不會被貼上什麼負面標籤。

萬一的萬一，這個主管不是那麼公平公正，那他不見得會對你的澄清做出回應。但你仍然向他展示了一個良好行為：即便是在被誤會的情況下，你仍然願意主動採取行動，解決問題。以後這個主管至少不會隨便給你扣帽子。這樣一來，我們就在職場上保護了自己。

【練習】
當眾被主管誤會了，怎麼辦？

　　這裡必須說一句，前面那些回應主管批評的方法有一個大前提，就是要一對一。但我相信，很多讀者看到這個大前提就忍不住心想：我也想要一對一，但我的主管是當眾誤會我，一點也沒給我留面子，怎麼辦？

　　我們可以透過一道練習題來看此類情況。這道題的當事人說，主管在一個專案報告會議上突然向他發難：「你們的宣傳片怎麼拍成這樣？上次怎麼跟你說的？」這位當事人一下就愣住了，因為宣傳片是另一個同事負責的，他完全不了解情況。這時，會議上的所有人都轉過來看著他，怒氣沖沖的主管也等著他說明情況。如果你是這名當事人，你覺得應該當場替自己解釋嗎？

　　當然不應該。還是那句話，對方正在氣頭上，所有解釋在他看來都是藉口。所以，不管是私下還是當眾，洗脫冤屈的方法只有一個，就是「採訪」。先把問題找出來，你才有把「黑鍋」移除的可能。

　　「好的，主管，收到。我記錄一下，第一……第二……第三……您不滿意的地方是這三點對嗎？」你可以一邊說，一邊低頭做記錄。等主管說完以後告訴他：「問題都記錄

下來了，散會後我們馬上落實。」

為什麼要這麼做？因為大家都在看，哪怕對方真的誤會你，他也不可能當眾道歉，這樣很沒有面子。與其這樣，不如先把問題記下來。況且，你只有寫下來了，會議結束後找同事核對情況的時候，手裡才有證據，也才能把事情說明白：「你看，主管對這件事確實很不滿，說了三點，我都幫你記下來了。我們趕緊討論怎麼辦，我陪你一起去找主管。」

你幫同事背了一個大黑鍋，他欠了你人情。等到你們一起去找主管的時候，你就可以輕鬆坦蕩地告訴主管：「您在會議中提到的宣傳片問題，我和小王一起想了一個方案，這邊趕快先跟您報告。我提供了一個想法給小王，詳細的情況由小王跟您說。」

這時候，主管已經冷靜下來了，也能聽進去你的話了。他不僅不會怪你，還會覺得你有擔當。但反過來，要是當眾解釋，主管會認為你是在推卸責任，同事也會覺得自己運氣不好，碰上麻煩了，你一下得罪兩個人。用採訪式的溝通方法回應批評，你不僅不會「背黑鍋」，還能讓主管和同事留下好印象。

③
被主管諷刺了，怎麼辦？

犯了錯被批評，你學會了用冷卻法處理；被主管誤會，你知道要用採訪法，先處理問題，再進行澄清。最後我還要為你介紹一類批評的場景，它不光出現頻率高，還很微妙。

一
點破法

問題是這樣的：「主管嘲諷我、挖苦我，我也不確定這是不是批評，但是總覺得自己被針對了。比如他會說：『小李，你最近可真厲害，三天兩頭就往客戶那跑。』」

乍聽之下，還以為主管在誇獎自己。但仔細一想，不對啊！這明明是話中有話。這時候，我們就會緊張——怎麼回事，主管是有什麼意見嗎？一旦往這個方向想，我們和主管就會帶著濾鏡看彼此，雙方的信任關係也就此被打破了。我想告訴你，既然已經感受到主管的不滿，那我們別當沒事，不去探究背後的原因，更不要天天觸碰主管的「敏感區」。萬一某天他「火山爆發」，你們之間的關係將會徹底崩裂，連彌補的機會都沒有。

所以，我建議你儘快處理，可以這樣說：**「主管，您提到的問題，一定是我沒有做好。但我反應有點遲鈍，一下子還沒**

想到該怎麼修改。可以請您幫我指點迷津嗎？」

　　你一示弱，對方心想：可以，沒想到你真的不知道哪邊出錯，那我就跟你說。只要他願意跟你說問題出在哪裡，解決問題的方法就都浮出水面了。

————

　　我把上面使用的溝通方法稱為點破法，主動點破對方的「夾槍帶棒」。

　　我們不是不想改，是真的不知道問題出在哪裡。所以，大方地承認自己沒聽明白，然後把球踢到對方腳下，請他正面回應。

　　大家別悶著不說，不然上班也太累了，是不是？

　　想善用點破法，不必學習複雜的步驟，只要記住一個口訣即可：「您說這個，必有原因；我沒聽懂，請您指教。」

　　為什麼這個口訣有用呢？相信你已經看出來了，它傳遞了一層主動抗壓的意思——我承認有問題，我也回覆主管，主管的不滿我接收到了，我沒有不當一回事；相反，我很認真地向主管請教，請他教我怎麼改變現狀。

　　這樣就把對方可能很不成熟的、夾槍帶棒的情緒，引導到一個積極、具體的行動改變上去。只要主管願意多說兩句，給你一些指點，接下來就好辦了——有缺失就改正，沒有就提醒自己多留意。

　　當然，像前面說的，想要扭轉主管的印象，完成工作之後還要主動跟他回報：「主管，上次您提的意見，我真的去做

了，而且得到了一個……的結果，謝謝您。」能當面說一聲是最好的，但如果你實在不好意思當面講，發則訊息給他也一樣有用。參考我為你準備的範例（P.61 表 2-2），在訊息裡感謝他的提醒和指點，就足夠了。

最後我考考你，這則訊息裡最重要的是什麼？

不是你的感受，也不是你的計畫，甚至都不是你的行動，而是第一句「多虧您的提醒」。

這就是在塑造你和主管之間請教和被請教、指點和被指點的「師徒關係」。對方看到你虛心好學的態度，未來他再有什麼不滿意你的地方，他會願意直接跟你說。

因為這份直接，你的上下級關係會更簡單，你的工作會更省心，你的個人成長也會更快。

【練習】

過去犯錯沒處理好，怎麼修復和主管的關係？

看到這裡，我猜很多讀者心裡其實是心有不安的：「花姐，我太晚才知道這個辦法了，以前我沒聽懂主管的提醒，頂撞了主管後也沒處理。現在補救是不是已經來不及了，我是不是已經耽誤了這件事？」

別擔心。點破法不僅當下有效果，對於陳年舊帳也有

用。越早和對方說開，我們才能越早變自在。

所以，趕緊「點破」吧。還記得前面那個口訣嗎，你只需要稍微變形一點點：「**我的做法，確實不妥；我在改變，請您指點**。」

比如，你可以像這樣溝通：「主管，我今天來找您，是要向您道歉。您可能都忘了，之前討論 ×× 事情時，我沒控制好情緒，頂撞了您兩句。事後我自己也意識到不對勁，但一直沒向您正式道一次歉，實在是對不起。我在溝通上有時候確實少根筋，所以我最近在看相關的書籍研究。研究完了，我一定找您回報學習心得。當然了，我也想請您從您的角度提供建議給我，看看我可以從哪裡調整。」有這麼一段推心置腹的話，你們關係裡那個過不去的結，就容易解開了。

表 2-2　感謝範例

❶ 同步進度	關於 ＿＿＿＿＿問題，多虧您的提醒，之前我真的沒思考過這方面的問題，這次我學到了很多。
❷ 具體做法	為了解決這個問題，我現在是這樣處理：＿＿＿＿＿＿＿＿＿＿＿＿＿＿＿＿＿＿＿＿＿。
❸ 未來計畫	接下來，我會這樣做：＿＿＿＿＿＿＿＿＿＿＿。您覺得適合嗎？

◆ 花姐幫你畫重點 ◆

我在第 2 關講了很多回應批評的方法。但若重新回到那些批評的場景裡審視分析，我認為問題的癥結和責任，首先在主管那裡。

在理想狀態下，一個已經成為上級的主管階級應該做到情緒穩定，指派工作時能將事情說清楚，即使批評下屬，也可以用好的方法，讓他透過一次指教獲得成長。而現實是，在現在的職場中，很多主管仍然要持續地改進和學習。他們沒那麼完美，水準可能也沒那麼高。

但在我看來，這個「令人失望」的現實正是我們自己要學習溝通的原因。無論溝通對象是什麼水準，你都能從與他的合作中學到東西，哪怕僅僅是回應批評──

透過學習冷卻法，你幫對方平復情緒，讓他能就事論事。

透過學習採訪法，你在被對方誤會的時候，還能冷靜地解決問題，自我澄清。

透過學習點破法，哪怕對方有事不直說，諷刺挖苦你，你也可以請他把話說清楚，同時讓自己有則改之，無則加勉。

你一次次找到了突破路徑，以一次溝通換一個版本的速度，反覆磨練了自己。當然，這一關卡的內容你要反覆練習，先做到在情緒上不被批評影響。而當你真正遇到問題的時候，相信你會比主管表現得更有風度。

我的行動方案

學而時習之，請在這裡記錄你的思考和改變

我決定做出一個改變：

我用新方法解決了一個問題：

我的感受：

WELL DONE

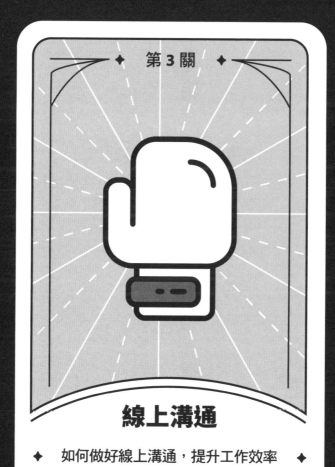

第 3 關

線上溝通

◆ 如何做好線上溝通，提升工作效率 ◆

線上溝通，
如何讓主管願意為你做決定？

線上溝通，
如何交辦工作可以獲得確認？

線上討論時，
被公開質疑，該怎麼回應？

_____

◆　道　具　◆

選擇法｜組合拳法｜場景降級法

很多人說，線上溝通是社恐的福音。躲在螢幕後，不需要有任何眼神或肢體接觸，就能順利開展工作。但在寫這部分內容時，我始終在思考一個問題：雖然今天我們有多種線上通訊工具，但我們日常推進工作真的省力了嗎？效率真的提高了嗎？其實不一定。面對面溝通時，你能立刻得到回饋，至少能立刻觀察到回饋。

但一到線上，對方完全可以假裝沒看見，因而遲遲不回覆你。如果這個人是你的主管，那在他回訊息之前，你可能什麼也進行不了。

所以，在越來越多公司進行線上辦公的背景下，我們來看看，怎樣才能提高線上溝通的效率。期待看完這部分內容的你，再回到線上跟同事溝通時，會發生這樣的改變——

你想要推動的工作，線上能很快獲得答覆；你不用忙前忙後交辦，就能把專案成員安排得服服貼貼；你可以把節省下來的寶貴時間用來進行一些更高價值的溝通。

1

線上溝通，如何讓主管願意為你做決定？

「我傳了訊息給主管，眼睜睜地看著他已讀不回。但這件事很著急，只有他能決定，該怎麼辦？」

這是我從讀者那裡收到的關於線上溝通的常見問題，相信

你或多或少也遇到過。對此，很多人的本能反應是催促：「主管，您看訊息了嗎？這件事現在能決定嗎？」

他都已經已讀未回了，能不能決定你是催不出來的。而且我敢保證，像這樣的催促再多幾次，對方就會覺得你很煩，以後會更不尊重你。

請允許我對遇到這種情況的你做一個有點不禮貌的提醒：這很可能是因為你傳的資訊讓他沒法回覆，而不是他架子大、效率低。

來看真實案例。一名員工傳給主管的訊息是這樣的（圖3-1）：

你對此有什麼感覺，是不是看到一半就覺得好累啊？我還想問問你：你覺得這名員工到底想要主管做什麼？在他發送的一大堆訊息裡，什麼事主管知道就行？什麼事主管必須回覆？什麼事主管需要做決策？

你可以在思考這些問題的同時，看看我幫他修改後的版本（P.70 圖 3-2）。這個版本有最基本的格式，所以即便沒開始細讀，你還是可以一眼看到他需要主管確認的事項，是下周二下午能否參加一場會議。那對方再忙是不是也能回覆？剩下的資訊，他可以等有空的時候，甚至在會議前再細看。

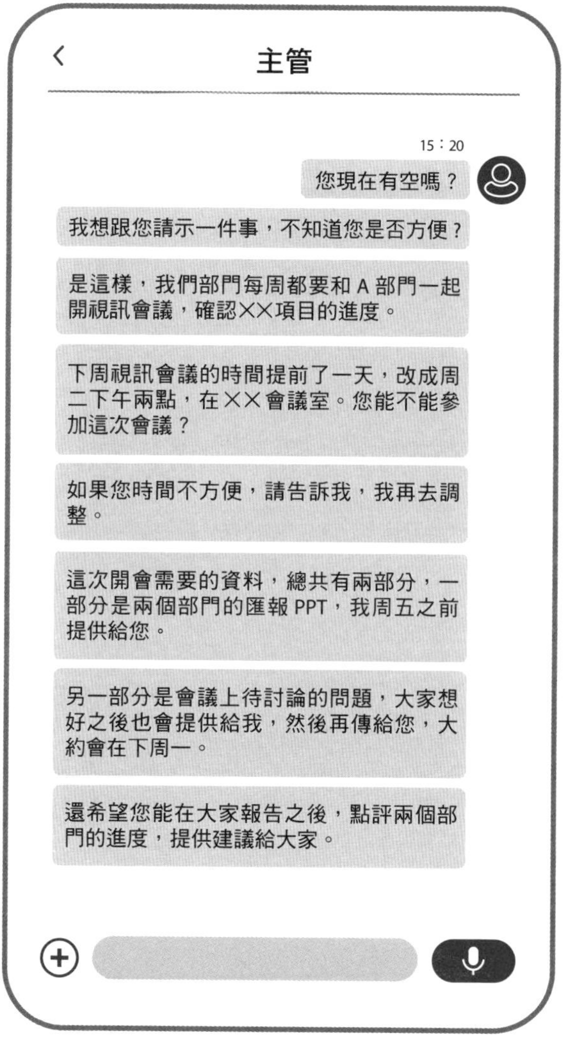

主管

〈

15：20

您現在有空嗎？

我想跟您請示一件事，不知道您是否方便？

是這樣，我們部門每周都要和 A 部門一起開視訊會議，確認××項目的進度。

下周視訊會議的時間提前了一天，改成周二下午兩點，在××會議室。您能不能參加這次會議？

如果您時間不方便，請告訴我，我再去調整。

這次開會需要的資料，總共有兩部分，一部分是兩個部門的匯報 PPT，我周五之前提供給您。

另一部分是會議上待討論的問題，大家想好之後也會提供給我，然後再傳給您，大約會在下周一。

還希望您能在大家報告之後，點評兩個部門的進度，提供建議給大家。

圖 3-1

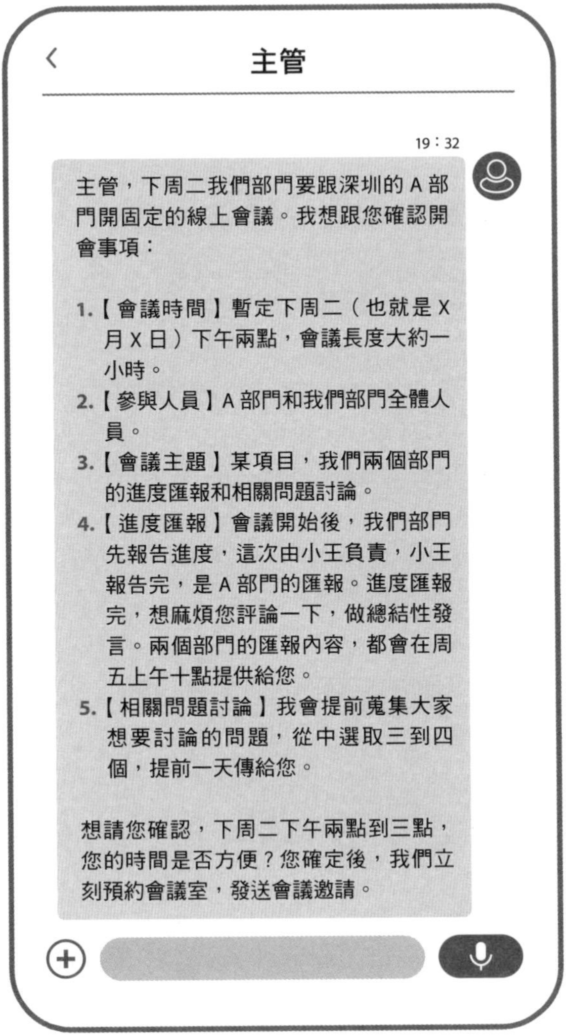

19：32

主管，下周二我們部門要跟深圳的 A 部門開固定的線上會議。我想跟您確認開會事項：

1. 【會議時間】暫定下周二（也就是 X 月 X 日）下午兩點，會議長度大約一小時。
2. 【參與人員】A 部門和我們部門全體人員。
3. 【會議主題】某項目，我們兩個部門的進度匯報和相關問題討論。
4. 【進度匯報】會議開始後，我們部門先報告進度，這次由小王負責，小王報告完，是 A 部門的匯報。進度匯報完，想麻煩您評論一下，做總結性發言。兩個部門的匯報內容，都會在周五上午十點提供給您。
5. 【相關問題討論】我會提前蒐集大家想要討論的問題，從中選取三到四個，提前一天傳給您。

想請您確認，下周二下午兩點到三點，您的時間是否方便？您確定後，我們立刻預約會議室，發送會議邀請。

圖 3-2

一

選擇法

你可能覺得，這怎麼看都是個寫作問題，其實並不是；它的底層還是溝通問題。接下來我為你介紹的**選擇法**，就是當你想在線上讓主管做決定時可以用的溝通方法，分為三步：

首先，講問題。你在寫訊息前先想一下，這次要解決什麼問題，要請主管做什麼決定。

其次，提供給主管兩個方案，請他做選擇。注意，不僅要介紹這兩個方案分別是什麼，還要說清楚它們哪裡不一樣。

再來，導向行動，和主管說明需要他做什麼，做了有什麼好處。比如像這樣，「只要這件事確定下來，**我們立刻就可以發出會議邀請，推進下一步的工作。**」

問題來了，為什麼選擇法在線上溝通的場景中十分有效呢？想要知道答案，我們不妨換位思考一下，主管是在什麼情況下收到這些資訊的。

你全力以赴地擬好訊息內容，按下發送，接收到這條訊息的主管可能正在開車，可能正在開會，也可能正在陪客戶聊天。他打開手機，掃一眼就關上了，能給這條訊息的時間大概只有十幾秒鐘。也就是說，你要從他身邊所有的人、事、物那裡搶

下十幾秒鐘；如果你的資訊沒辦法讓他快速抓到重點，那麼等他關掉手機，把注意力收回來以後，你那件事他轉眼就忘了。

事實上，選擇法是減輕他處理資訊的負擔，也幫你爭取在那十幾秒鐘內得到回覆。我把上面說的幾個步驟製作成了範例（P.74 表 3-1），下次遇到工作需要線上請主管決定時，你就可以按這個範例讓他確認資訊。

方法你已經知道了，現在我還想說一個我看到的不太好的現象，就是有些人為了表現自己考慮得很周全，喜歡傳「小作文」給主管（圖 3-3）。

這就是典型的「小作文」，鋪天蓋地都是字，在手機上得滑好幾次。如果主管年紀比較大，都不一定能看清。

但字多還不是致命傷。「小作文」真正的問題是它忙於表達自己，一股腦地往外表達感受和情緒。對方可能看兩行就不耐煩了：你的訴求是什麼？希望我怎麼回應你呢？整封下來，這些最基本的問題都沒解決，肯定不行。

你可能會問，要是想跟主管說心裡話，這封訊息該怎麼寫？

我的建議是，任何需要寫「小作文」來說的事情，都不要寄望於線上說明白。但你可以用選擇法傳訊息給主管，約他交交心：**「主管，我有件事想約您半小時報告一下。我能不能在明天下午 2 點找您當面報告一下想法？」**

這就把一篇洋洋灑灑的「小作文」簡化成了「是」和「否」兩個選項，對方決策的成本會更低。至於你的感受和情緒，留

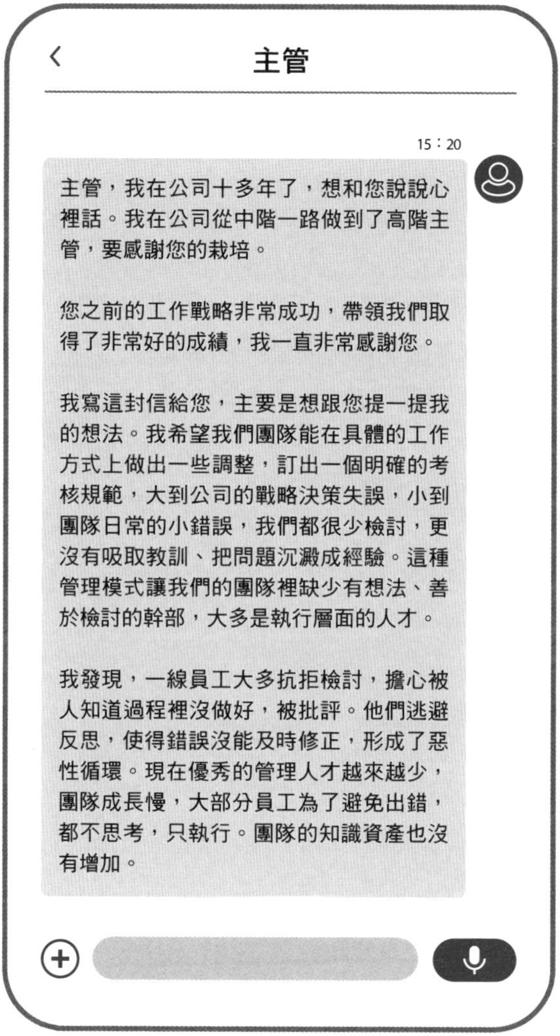

主管

15：20

主管，我在公司十多年了，想和您說說心裡話。我在公司從中階一路做到了高階主管，要感謝您的栽培。

您之前的工作戰略非常成功，帶領我們取得了非常好的成績，我一直非常感謝您。

我寫這封信給您，主要是想跟您提一提我的想法。我希望我們團隊能在具體的工作方式上做出一些調整，訂出一個明確的考核規範，大到公司的戰略決策失誤，小到團隊日常的小錯誤，我們都很少檢討，更沒有吸取教訓、把問題沉澱成經驗。這種管理模式讓我們的團隊裡缺少有想法、善於檢討的幹部，大多是執行層面的人才。

我發現，一線員工大多抗拒檢討，擔心被人知道過程裡沒做好，被批評。他們逃避反思，使得錯誤沒能及時修正，形成了惡性循環。現在優秀的管理人才越來越少，團隊成長慢，大部分員工為了避免出錯，都不思考，只執行。團隊的知識資產也沒有增加。

圖 3-3

表 3-1　線上溝通匯報範例

❶ 講原因	主管，現在＿＿＿＿＿＿工作出現了一個情況，出現這個情況的原因主要是：＿＿＿＿＿＿。
❷ 提供方案	目前有兩個可行的方案： 方案一：＿＿＿＿＿＿＿＿＿＿＿＿。 方案二：＿＿＿＿＿＿＿＿＿＿＿＿。 兩個方案最主要的區別是：＿＿＿＿＿＿。
❸ 導向行動	我對這兩個方案的判斷是：＿＿＿＿＿＿。請主管看看看，選哪個方案更合適？我根據您選擇的方案推進落實。

著當面說。這樣既能避免誤會，也能把你想說的真正說明白。

② 線上溝通，如何交辦工作可以獲得確認？

第二類場景就不是一對一溝通了。我們一起看看在工作群組上跟同事溝通有什麼好方法。

看到工作群組這幾個字，我相信應該有讀者要大吐苦水了：「我在群組裡確認工作經常被已讀不回，只能等線下開會時才能解決問題。」

這真是讓人沒轍啊。而且我觀察到，很多人的應對方式就兩個字——等著。反正我已經說完了，這就算是做完了，剩下就等你們什麼時候看到，什麼時候完成。

這樣確實很輕鬆，問題是到真要「交作業」的時候，拿不出來結果，責任還是你背啊！所以，「線上溝通推不動」的問題，還得另找方法。

不妨先回想一下，那些在群組裡沒人回的訊息，到底長什麼樣？

請看 P.76 圖 3-4，一個真實的例子。一條消息發在群組裡兩個小時沒人理，慘不忍睹。因為它連紀念短片誰來做、什麼時候交付都沒說。那別人為什麼要在群組裡主動表現，跳出來認領工作呢？如果是我也不願意這樣做。

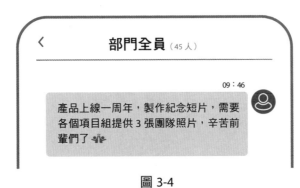

圖 3-4

再看圖 3-5。還是同一件事，只不過換了一種溝通方式，為什麼很快就有人回覆了？

組合拳法

這就要說到我為你準備的**組合拳法**了。它的內在核心是，你在群組裡推動工作時要做兩個動作：

第一個動作，和關鍵人物提前確認工作內容

注意，不是在工作群組裡確認，而是一對一私訊確認。

我們設身處地想想：你在開會時突然收到一則通知，打開一看，發現是某個同事找你協調某個工作，直接在群組裡 tag 了你。你的第一反應是不是：這什麼情況，要我做什麼呀，我什麼都不知道啊……你會立刻接受嗎？不會吧。你大概還會捲

圖 3-5

起袖子露出手臂，找對方理論。

如果連你自己都是這種反應，那我們是不是換位思考一下，在群組裡指派工作的時候先別急著 tag 人，而是私訊或者當面跟他把任務交代清楚呢？

第二個動作，在工作群組同步進度

反過來，如果你一對一跟對方確認好了，雙方就工作怎麼進行也有共識了，之後你還是要在工作群組裡同步。這件事不是你們倆之間的事，它和整個專案都有關係。建議你用清單方式在群組裡發一則訊息，把具體的負責人、接下來的動作同步告知群組裡的相關同事。

到這裡，我們可以說說群組溝通和私訊的差別了。在我看來，**工作群組是線上的廣場**。你在群組裡每說一句話，都是在廣場上喊話。看起來你是在跟特定的人說話，但廣場上的其他人可都看著你，也都在透過你的一言一行評價你。

如果你事先沒跟人家溝通，直接在廣場上喊這個叫那個，那當然沒人願意理你。圍觀者可能還會覺得你這人有點霸道。

反過來，如果你已經跟對方達成一致共識了，那就要在廣場上大大方方地說出來，讓來來往往的人都看到你的工作進展。他們當中有人跟你這個工作有關係的話，也能同步瞭解情況，溝通的透明度也能因此提高。

我們可以在一個具體的場景裡演練一下組合拳法：主管讓你負責帶頭新品上市的行銷工作，你需要跟負責運營的同事配合，在公司的官方帳號上發一篇 PO 文。這其實是件小事，但如果直接在群組裡說，對方通常會已讀不回。

所以，你最好先私訊這位同事：「**小王，我們團隊把新品上市的工作進行到這個階段了。下周想請你幫忙一下，在公司官方帳號上幫我們發個貼文。這篇文案我已經準備好了，只需要在下週三發布上線就可以。在官方帳號上發送這篇貼文是配合這次產品上市行銷非常重要的一環，這方面你是專業的，還要請你多幫忙。**」因為是一對一溝通，小王要是有什麼顧慮，也會當面提出。等你們討論好以後，像圖 3-6 那樣，用清單方式在群組裡同步事項就可以了。

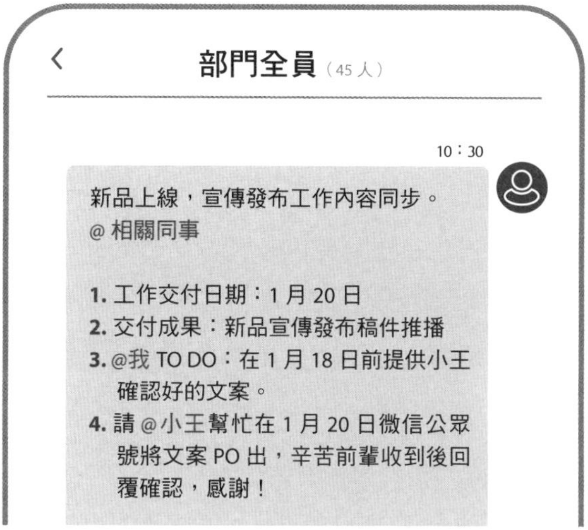

部門全員（45人）

10：30

新品上線，宣傳發布工作內容同步。
@ 相關同事

1. 工作交付日期：1 月 20 日
2. 交付成果：新品宣傳發布稿件推播
3. @我 TO DO：在 1 月 18 日前提供小王
   確認好的文案。
4. 請 @小王幫忙在 1 月 20 日微信公眾
   號將文案 PO 出，辛苦前輩收到後回
   覆確認，感謝！

圖 3-6

【練習】
跨部門同事躲我，不接群組裡的工作，怎麼辦？

關於群組溝通，我為這本書做前期調查研究時還發現了一種特殊情況。有讀者說，他在工作群組發起跨部門合作時，有的同事就是不願意配合。雖然他也找同事一對一提需求了，但對方就是躲著他。如果你也遇過這種情況，我提醒你：這可能不僅僅是因為當時的溝通沒做到位，還可能是你平時沒有特別去經營同事關係。

我經常說一句話：**先建構關係，再解決問題。**特別是跨部門合作，關係要是不到位，雙方沒建立起信任也沒那麼親近，人家事情又很多，憑什麼非得配合你的需求呢？

所以，提高人際關係友好度這件事我們非做不可，而且馬上可以做。最省心省力的方法是養成一個習慣：跟跨部門同事合作結束以後，在工作群組裡公開表達感謝，像圖 3-7 那樣。一個周到的公開感謝，首先要夠直接。既然是好事情，我們就大大方方地誇出來。

⟨　　　　　　　**部門全員**（45人）

10：30

讓我們一起慶祝專案順利完成🥂

感謝@小張製作的精美素材，提升了一般活動的檔次！

感謝@小王前後協調，為我們聯繫到了這麼好的場地，是我們最可靠的後勤保障。

感謝@小李積極補位，在我們需要幫助的地方都有你的身影！

感謝各位前輩為這個專案的辛苦付出，有你們了不起！

圖 3-7

這就要說到線上溝通的好處了——很多感謝的話線下可能沒機會說，因為並非每個專案都會緊鑼密鼓辦表彰大會。但線上不同——工作群組就在那裡，隨時打字隨時說。

其次，感謝還要具體。你不能籠統地感謝項目的兄弟姐妹，而是應該具體地感謝每一個人，以及他們做的具體的事。這樣致謝不僅有誠意，在群組裡其他人看來，也會覺得主動這麼做的你識大局、有團隊意識。

3
線上討論時，被公開質疑，該怎麼回應？

到線上溝通的最後一部分內容了，我們來點難度，一起看看如果在群組裡被公開質疑了，該怎麼處理？

客戶突然在群組裡投訴我，主管突然在群組裡 tag 我「你這個專案是怎麼回事」……都說工作群組如廣場，當你在廣場上被人發難時，怎麼做才能把壞影響降到最低呢？

先提醒你，千萬不要想著避風頭，假裝失蹤。客戶、主管都公開表達質疑了，你一躲，矛盾不就被激化了嗎？

一

場景降級法

其實，學習了前面的內容以後，你應該知道，在群組裡處理問題之前要先一對一溝通。面對客戶的投訴，你可以馬上說：**「收到，您的回饋非常重要，我立刻打電話和您了解一下情況，向您說明一下。」**

電話溝通完畢，還應該在群組裡回饋：**「王總，再次向您表達歉意。我把剛才我們電話溝通的內容記錄下來了。您提出的需求是……，接下來我準備這樣解決問題，明天提出解決方案再和您確認。感謝您對我們工作的提醒和要求。」**這個方法叫作**場景降級法**。眾目睽睽之下，不說不行，但說什麼都容易激化矛盾。而當我們把場合降級，變成一對一當面說、電話說的時候，很多話就好開口了。

如果你有心觀察一下，會發現那些高級百貨公司和銀行裡大多設有 VIP 室。一旦有情緒激動的客戶要投訴，工作人員就會訓練有素地請他到 VIP 室，避免讓投訴影響整體的氛圍。

這就是「降級」。我們可以透過**主動承接、一對一溝通、回饋封閉**這幾個動作來理解它的內涵。

———

主動承接說的是，對方提出的問題不能拖延，越快被回覆，對方就越覺得被重視。萬一你真有什麼事當下沒看到訊息，也應該解釋一句：**「抱歉王總，剛才在會議中。現在我馬上打個**

電話給您了解情況，看怎麼處理好問題。」

　　還有，既然要處理問題，千萬不要說：「我請示一下主管再回覆你」或者「這個問題我安排其他同事處理一下」。很多人遇到問題，本能反應就是推事情。這其實是將自己置於和客戶對立的位置，更容易加劇矛盾。很多時候，對方只是希望有人能把問題承接起來，說一句：「好的，我來處理。」你越直接面對，就越會被對方尊重。

　　記住**「第一時間」**（立刻）和**「第一人稱」**（我）這兩個關鍵詞，主動承接對方的質疑以後，你就可以發起一對一溝通，並將反饋封閉了。對於這兩個動作，我只有一個提醒：問題發生在哪裡，就回到哪裡去封閉。

　　還是說客戶投訴的例子。要是你跟對方電話溝通以後就沒後續了，那還在群組裡旁觀的主管會怎麼想──到底什麼情況？為什麼到現在還沒處理好？都說溝通是有陪審團的，所以千萬別忘了，還有人在等著看呢。

　　P.84 表 3-2 是應對突發情況的群組內回覆範例。遇到類似情況，你可以直接拿來用。要特別關注前面說的「回饋封閉」──你會看到，範本中給對方的回饋不僅包含反述需求，還包括明確下一步動作，並給出具體的行動時間。

　　比較一下「我們處理完了回覆您」和「週五晚上六點前跟您確認新方案」之間的區別吧。在你的能力範圍內給出的資訊越確切，就越有利於解決問題。這就是我在回應質疑這個話題下，想教給你的溝通方法。

表 3-2　突發狀況群組內回覆範例

❶ 主動承接一對一溝通	收到，您反應的問題確實很嚴重，我跟您當面／電話說明一下。	
❷ 反饋封閉	複述對方需求	@王總，根據剛才我們的溝通，您提出的需求是：_____。
	對焦下一步動作	接下來我準備這樣：_____。
	明確執行時間	我_____（時間）提出解決方案，跟您確認。

線上溝通其實不是以資訊為中心，而是以注意力為中心。

我們應該以溝通對象無法集中注意力為前提，將資訊結構化，從而讓對方願意線上回應我們發起的溝通──

主管不做決策，我們用選擇法來降低他的決策成本。

群組內交辦工作無人回應，我們用組合拳法跟對方同步事項。

被公開質疑，我們用場景降級法處理危機，讓雙方都能滿意。

最後，作為一個專門研究溝通問題的人，我想多說一句：無論線上溝通工具多發達，都比不上兩個人面對面，真誠地看著對方的眼睛聊兩句。

所以，不要忘記回到線下，建構能帶給你滋養的關係。

我的行動方案
學而時習之，請在這裡記錄你的思考和改變

我決定做出一個改變：

我用新方法解決了一個問題：

我的感受：

WELL DONE

第 4 關

爭取資源

如何爭取資源，打造成事體質

✦ 關 卡 ✦

主管幫忙推薦了可求助的人選，
接下來怎麼做？

找不到特定資源，
需要請中間人幫忙，
怎麼辦？

如何建構自己的資源庫？

_____

✦ 道 具 ✦

供應商法｜中間人法｜標籤法

你遇到過這種情況嗎？單位交給你一個任務的時候，並沒有給予相對應的做事資源，需要你自己到外面去想辦法。比如幫活動找公關公司來設計執行方案，為一款新產品到市場上調查研究符合其調性的設計，都屬於這種情況。

　　你的第一反應是不是：我又不認識什麼名人大咖，除了請主管關注、請主管想辦法，連個下手的地方都找不到，如何拓展資源？

　　別著急，本關卡的核心就是要幫你解決這個問題。正式開始前，我想告訴你一個從別人手裡「奪」資源的前提：學會「**先利他，再利己**」。先為他人創造價值，再從他們手裡獲得你想要的東西。否則，即便你偶爾得手占了便宜，最終也會被別人列入合作「黑名單」。接下來我們就到日常工作的常見場景中看看，「先利他，再利己」的想法會怎樣幫你打開局面，爭取到外部資源。

①

主管幫忙推薦了可求助的人選，
接下來怎麼做？

　　主管交辦任務給你，知道你手頭沒資源、沒經驗，所以可靠的主管通常會推薦求助對象給你，這在他心裡就算是給你資源了。

乍看之下，主管都推薦人選了，因為有主管的面子在，這事似乎不難。但事實上，你離完成工作還差得遠呢！主管只是給你指了一個求助的對象，至於怎麼聯繫對方，怎麼判斷對方對這件事的影響，怎麼說服對方幫你實現目標，都得靠你自己完成。

我建議你在聯繫求助對象之前，先準備好三段話。在職場上聯絡資源或者工作時，這三段話非常重要。可以說，把它們依次說清楚，你就成功了一大半。

第一段，自我介紹

第一段簡單，介紹你個人的資訊：「**王前輩您好。我是小張，在××公司負責××工作，我的主管是×××，是他讓我來拜訪您的，今天非常高興有機會能代表他來拜訪您。**」

第二段，說明目的

第二段要說明你此次的目的。一定不要東拉西扯，要簡單直接，方便對方回饋。比如：「**今天和您聯繫來拜訪您，主要是因為我們公司要啟動一個和人工智慧有關的專案。我注意到您專注於人工智慧產品領域，操作過 A 產品和 B 產品。我也瞭解到您最近在 ×× 平臺有過非常精彩的分享，我學習了很多，所以特別想邀請您為我們的項目方向把關。**」

第三段，表明能帶來的價值

第三段是表明你能為對方帶來什麼價值。還是看一個範例：

「如果這次能請到您指導我們的產品，我們想聊表誠意。首先，我們整理好了詳細的方案，盡可能節省您的時間精力。其次，我們還有一些針對 AI 產業的培訓計畫，我把匯總的培訓需求給您看看。只要您有時間，我們連預算都準備好了，非常歡迎您來為我們講課，我們都等著跟您學習。另外，這些工作我們都有一些經費的支持，您別嫌棄，僅僅代表我們第一步的誠意。」

　　這三段話裡，前兩段不難，你根據自己的情況準備就可以。難的是最後一段，但它發揮的威力也最大。到底怎麼說才能讓你的求助對象真的聽進去呢？你需要在發起溝通之前，做兩項準備工作。

　　一項是想一下從你的角度**能為對方提供的價值**。比如，為了獲取這個外部資源，你是不是可以申請到一定的經費。另一項則是**結合對方的視角**，審視這次合作能不能提供對方一些他所需要的資源。別光忙著說我有什麼，人家可能根本不缺這個，那你的說服就不夠有力量。

　　舉個例子，你要請教的這位前輩從事管理諮詢工作，微信群組裡發的很多是他們公司正在提供的跨文化溝通的培訓服務。當你有一件事一定要找他幫忙時，是不是可以結合這位前輩的實際需要，先提供他一個價值：「我看您最近好像在拓展跨文化溝通方面的一些業務。剛好我們公司的幾個合作夥伴和您的業務匹配，而且在多個國家都有佈局。如果您不嫌棄，我可以把他們介紹給您，大家一起交流。」

一

供應商法

我把這段話背後的溝通方法叫作**供應商法**。意思是，你要在溝通的一開始就亮出自己的「供應商」身份，說明你能為對方帶來的價值。具體怎麼了解對方的需求，你可以參考 P.96 表 4-1，從幾個不同維度去找。

我們每個人都有自己的需求和訴求。採取供應商法的人跟其他人最大的區別就在於，他們願意把對方的需求和訴求當回事，先為對方服務，再在對方願意的情況下請他幫忙。

這種「先利他，再利己」的供應商法能達到什麼樣的水準呢？我說一個讓我印象最深刻的例子。

很多年前，我們接到了一份參訪得到公司的聯繫信。沒錯，就是那種常見的聯繫工作的公關信。寫這封信的人代表了一批中小學校長，說了如下幾件事：

首先，他介紹了這批中小學校長來自一個什麼樣的組織。其次，他提出了明確的訴求，要求到公司至少要請一名高階主管陪同參觀，幫他們介紹關於公司某幾方面的情況，而不只是帶著看硬體。最後，供應商法來了，這封信的結尾處是這樣寫的：「我們也誠摯期望貴公司能對我們此次參訪，提出你們的要求。比如，貴公司需要我們做哪些提案準備，或者需要我們提前閱讀哪些資料。此外，來訪的都是著名中小學的校長，如果貴公司的同事有什麼孩子教育方面的問題，也請提出來，我

們會盡可能地給予幫助。」

你可以想見這段話的力量。當時我讀完這封聯繫信，就有一種強烈的感受：它說的好像不是一批校長希望來公司參觀學習，它說的是這些校長能給公司帶來什麼樣的價值。

這樣一想，我的確有好多訴求要跟他們提一提，至少我有很多同事，他們的孩子很快就要上學了，面臨很多教育方面的問題。所以這個參訪請求我必須同意，而且還要積極接待。

現在我可以告訴你了，當時寫這封信件的人是教育專家沈祖芸，而這個中小學校長參訪團的團長是著名教育家李希貴。當然，今天我和李希貴校長、沈祖芸老師都已經是很好的朋友了，但每當想起多年前的這封聯繫信，我都覺得有很多事情要向這兩位老朋友從頭學起。原來，「在『公對公』的事務裡，還能出現一種『人對人』的語言：我們要麻煩你一件事，也看看你有什麼事，我們可以幫得上忙。」

這就是供應商法帶來的暖意和驚喜。

【練習】
怎麼跟主管推薦的人選溝通，避免當伸手牌？

現在我們來看看，跟主管推薦的外部專家互動時有哪些注意事項。

假設你在一家公司從事人力資源工作，你的主管把你拉進了一個群組，要你向群組的某位績效專家請教公司的績效考核方案應該怎麼設計。但你之前不認識這位首席外部專家，不知道怎麼開口請他幫忙，怎麼辦？

　　先說一種錯誤做法，就是「初生之犢不怕虎」，直接在群組裡 tag 對方，問他有沒有現成的方案傳來借鑒一下。這種「伸手牌」的做法很容易被拒絕，而且很高機率會給對方留下不好的印象，以後再想發起求助，得到回應的可能性很小。

　　你可以試試剛學會的方法。

　　第一步，在跟對方溝通之前做一些準備工作。既然你的求助對象是績效專家，那他有沒有分享過自己對於設計績效考核方案的看法呢？在微信公眾號、微博、抖音等公開平臺上，一定能找到相關資訊。從對方的視角出發，你在請教時才能分清主次。

　　第二步，把研究結論成果化。你可以先準備至少一個版本的績效考核方案，把問題標注出來。如果寫不出來，列一個大致框架也行，但必須要有這一步。凡請教，最好帶初稿方案。這是贏得對方尊重的關鍵。

　　做完這些準備工作，正式向這位績效專家請教時，剛才說的三段話就可以用上了：「老師您好，我是 ×××，

是 ×× 公司的人資，目前負責公司的績效考核工作。我的主管向我推薦了您。」你可以在群組內加對方好友，私訊他這段話。接下來是表明你的來意：「今天和您聯繫，是因為我們正在設計一套新的績效考核方案。最近公司的組織架構做了一些調整，希望透過新的績效方案激勵團隊中的優秀同仁。我看了您關於績效考核方案的一系列文章，大致列了一個大綱，準備從這幾個方向著手。目前在 ×× 幾點上還不太確定，想聽聽您的建議。」

最後，講講從你的角度能夠提供的價值，以及結合對方的視角，看看他所需要的價值：「因為我們公司主業務是電子製造代工，我這邊有一些相關資源，比如……，您有需要的話，這些都可以為您服務。最後，如果您時間方便，我很想當面向您請教和績效考核方案相關的事情。期盼詳聊。」

你放心，這樣三段話足以給外部專家留下認真可靠的好印象，你從對方那裡獲得資源的機率就大大提升了。不過需要注意的是，在口頭溝通、郵件、網路公開平臺等不同場合，這三段話的組織方式有一些差別。你可以根據自己的實際需要，參考 P.97 表 4-2 中的話術發起溝通。

表 4-1　供應商視角清單

對方最近在公開社群媒體、朋友群組中發了什麼內容？	
對方最近關注什麼領域和訊息？	
對方最近抱怨了什麼？	
對方最近表揚了什麼？	
對方最近聊得最多的話題是什麼？	

表 4-2 自我介紹清單

場景	具體話術
口頭溝通版	● ＿＿＿＿，您好。我是＿＿＿＿，在＿＿＿＿公司負責＿＿＿＿。 ● 之前在＿＿＿＿就關注過您，很高興今天見到您。 ● 我這邊有＿＿＿＿等相關資源，希望接下來和您有更多交流的機會。
微信版	● ＿＿＿＿，您好。我是＿＿＿＿，在＿＿＿＿公司負責＿＿＿＿，透過＿＿＿＿加了您的微信。 ● 今天和您聯繫，是因為＿＿＿＿。為此我做了＿＿＿＿準備工作。 ● 同時，我比較擅長＿＿＿＿和＿＿＿＿。如果您有這方面的需要，可以隨時和我聯繫，期盼詳聊。
公開平台版	● ＿＿＿＿，您好。我是＿＿＿＿，來自＿＿＿＿。 ● 在＿＿＿＿平台上關注您很久了。為此我做了＿＿＿＿準備工作。 ● 同時我比較擅長＿＿＿＿和＿＿＿＿。如果您有這方面的需要，可以隨時和我聯繫 ● 如果可以，希望能加微信詳聊，期待您的回覆。

❷
找不到特定資源，需要請中間人幫忙，怎麼辦？

在上述場景中，我們知道外部資源在哪裡，所以可以聚焦目標、排除干擾，快速取得資源。但還有一種更難的情況，就是你和你的主管都不知道要去哪裡找資源。

比如，部門計畫打造一個類似 TED 演講的活動，要你去邀請一些合適的嘉賓。我相信很多人遇到這類情況都會想：主管沒有推薦人選，我自己也不認識什麼名人，要不然就誠實地說我做不了吧？

—

中間人法

但我想和你說，辦法總比問題多，所以千萬別交白卷。下面就來看看可以用來解決問題的**中間人法**。你一定知道社會學裡的六度分隔理論：任何兩個陌生人之間所間隔的人，不超過六個。也就是說，最多透過六個人，你就可以認識任何一個陌生人。找不到合適的嘉賓，沒關係，我們先找有可能連接到嘉賓的那個中間人。

這個任務是不是簡單得多？你不妨積極主動一點，在社交平台好友，在同學群組，在各種場所都提問：「我要做一件⋯⋯事，誰有這方面的經驗？」「這方面的工作，誰能給我一點建

議和指導？」

　　這個時候跳出來的人，雖然未必最終能幫到你，但他很有可能就是一個多少瞭解點情況的中間人。怎麼透過他，一步步找到你想找的那個人呢？有三個關鍵的細節要牢記。

————

第一，目標清晰

　　你要清楚地介紹自己，說明你的目的和訴求，就像前面供應商法要求的那樣：**「前輩您好，我是 ×××，來自 ×× 單位，我想請您幫個忙。」** 至於是請人幫你介紹資源，還是指導你，都得說清楚，不要藏著悶著。

第二，方式清晰

　　很多時候中間人不願意幫你，是因為他覺得這件事很麻煩，他幫你所要啟動的心理成本很高。所以，「你希望對方怎麼幫你」的方式一定要夠清晰。

　　感受一下下面兩種找中間人幫忙的方式：「能請您幫我們邀請 ×× 老師來參加這次演講活動嗎？」「有沒有可能幫忙介紹一下，幫我拉個群組，我正式地邀請看看。」

　　幫你請到一個人和幫你拉群組，這兩個任務的難度完全不一樣，中間人幫你忙的啟動成本也不一樣。而且，即便是拉群組這個任務，難度也可以繼續降低。你試著以中間人的口吻，寫好自我介紹和你的訴求。這樣他拉群組向嘉賓介紹你的時候，直接複製貼上就行。

我提供一個範例：「前輩，群組裡的這位是 ×××，來自 ×× 公司，負責 ×× 專案。他是我的一個朋友，我們合作過很多次，很可靠。他們公司去年辦了 ×× 活動，取得很好的成果。現在他特別想跟您建立聯繫，未來也希望有機會邀請您去參加他們的新活動。我介紹你們認識一下，具體的事你們溝通。」如果中間人覺得幫你這事不難，那他就沒什麼負擔，就會幫你辦了。

千萬不要以為中間人是你認識的人就可以隨便使喚，他願不願意幫你，仍然需要你自己爭取 —— 規劃出一條清晰的方式，在這條實現目標的道路上把難度降低。因為對於中間人來說，任務難度越低，啟動成本越低，幫你的積極性越高。

第三，結果清晰

這也是中間人法的最後一個細節，你從中間人那裡獲得幫助以後，千萬不要把他「丟」了。不管結果有沒有成功，都要一對一回報，別等到他來問你才說。建議你在下面三個時間節點跟他同步。

首先是在求助當下：「**這次要特別感謝您，多虧您的推薦，幫我聯繫到 ×××。以後有什麼需要我幫忙的地方，您千萬別跟我客氣。**」

還記得供應商法嗎？中間人也是我們的供應商，你也要說清楚你能為對方提供的價值。比如：「最近您是不是在忙 ×× 專案，我們公司有一個部門也在做這方面的事。如果需

要跟他們交流，您告訴我，我幫您去聯繫。」

這樣一來二去，你們就成了合作更緊密的夥伴。

其次，如果你跟中間人幫忙介紹的某個人建立合作了，那麼當你們的合作取得某個里程碑時，也可以告訴中間人：「**上次您推薦之後，我們和×××的合作已經進行到簽約階段了。一切都很順利，當初多虧有您幫忙。**」

個體心理學之父阿德勒有個觀點，人際關係的高級狀態叫作「**共同體感覺**」。換句話說，我們作為共同體的一員，都有「被需要」的感覺。你在固定的時間點給中間人回饋，讓他們感到「被需要」，那麼未來你向他尋求資源支持時，這種感受就會像鉤子一樣，把他助人的意願再一次「勾」出來。

最後一個時間點，就是你成功完成任務的時候。同樣地，請不要忘記中間人：「**多虧您上次的幫助，我們和×××的專案合作非常愉快，取得……的成果。我的主管也很滿意，提醒我一定要向您表達感謝，歡迎您有空來我們公司坐坐。**」

像這樣在短時間內高頻率地回饋，既能強化你和中間人的關係，也能管理你在對方心目中的「品牌形象」。他知道你是一個值得幫助的人，以後他有好事還會想到你，當然他也會維護你在社會上的口碑。

至此，我還想提醒你：縱使我們做了這麼多，但在我們對外爭取資源時，還是要有一個好心態。中間人願意幫你是情分，但他並沒有義務必須幫你。我們不能「用努力換幫助」，也就是明示暗示地說這種壓迫感的話：「您看我已經做了這麼

多努力了，您還不幫我一下。」求助和說明，這種關係從來不是交易。

所以，如果中間人拒絕了你，你也別洩氣，更別記恨對方。你完全可以回一句：「沒事沒事，完全能理解，我再想想辦法。有機會您也替我想想。」這樣做，無論如何你都維繫了一個朋友。行走江湖，多栽花、少栽刺，對自己也是一種保護。

3

如何建構自己的資源庫？

到這裡，難度還要再升級。既然我們知道職等越高，對資源拓展能力的要求越高，那我們為什麼不在職業生涯早期就有意識地積累一些資源呢？

從我觀察到的現象來看，絕大多數上班族，甚至包括一部分職等很高的人其實都沒有這個意識。而這件早做早受益、越做越有積累的事，你現在就可以操練起來——參加行業會議時，多認識幾位元老級前輩，看之後有沒有合作的機會；出席商務宴請時，在各領域的專家面前露個臉，以便日後向他們請教。

但你可能覺得，說來簡單，這對我們老實人而言難度太高了。我當然想跟厲害的人學習，但這些人身邊往往圍著很多人，和他們說上話就很費勁，怎樣才能讓他們記住我呢？

一

標籤法

有一個方法有用，就是主動幫自己「貼標籤」，強化記憶點。**標籤法**下面的四塊內容，都是為增強我們的識別度而設計的。

一、自我介紹

我們還是從自我介紹說起。以我自己為例：「你好，我是脫不花。作為聯合創辦人和 CEO，參與創辦了羅輯思維、得到 App、時間的朋友等知識服務品牌。」像這樣跟陌生人介紹自己，雖然不會出錯，但你覺得這裡面有什麼記憶點嗎？

並沒有。一份好的自我介紹不是從「我是誰」出發，而應該從「我能為你解決什麼問題」出發。試著用供應商法，在自己身上找一個能幫別人解決問題的特徵，然後把標籤貼那裡。

還是以我為例。說完基本資訊後，就該給自己「貼標籤」了：「我是一個溝通方法的研究者和佈道者，曾接受清華大學、騰訊集團、交通銀行等機構的邀請，為他們的團隊講授職場溝通技巧。我接觸過的很多機構都非常注重培養員工的溝通能力，因為這對於提升團隊績效有非常正面的影響。如果你也對職場溝通這個課題感興趣，希望透過溝通幫組織提升效率的話，我能幫得上忙。我們多交流。」

我在這段介紹裡不斷重複「溝通」，其實是想告訴對方：

只要你重視溝通這件事，我就對你有用。對方會將我和「溝通」這個標籤連接起來，把我放在他個人的「供應商資料庫」裡某個固定的位置，這樣就更容易記住我。

你也可以按照這個邏輯來設計自我介紹，讓不同的溝通對象都能記住你和你的標籤。P.105 表 4-3 裡有一些常見標籤及範例，供你參考。這樣，當大多數人還在說自己是誰的時候，你就已經率先釋放了想跟對方建立連接的信號。

二、展現興趣

標籤法的第二塊內容是我們在建構資源庫時特別容易忽視的，就是你得向對方展現你對他說的東西感興趣，看下面這個例子就知道了。

假設對方是人工智慧方面的技術專家，那麼等你做完自我介紹以後，是不是馬上可以說：**「今天這個機會太難得了，我們團隊最近也在討論人工智慧的最新進展。如果有一些特別值得學習的文章，麻煩您多推薦給我，讓我們可以跟著您快速學習。」**

哪怕對方不是專家，你也可以在他的核心優勢部分請教：**「我知道你們公司在 ×× 方面做得特別好，有機會可要跟您多請教，或者您看今天方不方便給我透露一點資訊？」**只要你表現出這種善意的好奇，對方一定能感受到被探索、被關注、被喜愛，你就可以學到新東西。

需要注意的是，展示好奇心不僅取決於對方的職業身份，

表 4-3　自我介紹標籤清單

標籤類型	範例
業務標籤	● 我寫過好幾次 10 萬元以上的文案，也幫＿＿＿＿＿＿等公司寫過宣傳文案。大家在創意文案方面有困擾的話，可以找我。
職業標籤	● 我是＿＿＿＿＿公司研發人員，對＿＿＿＿＿技術感興趣，想入門的新手，可以隨時交流。 ● 我是＿＿＿＿＿公司的社群營運。有產品在私域推廣方面比較困惑的，可以一起交流。
專業標籤	● 我大學主修英文，有高級口譯證書。你們的跨境貿易業務如果在交流上有什麼問題，我可以幫忙看看。
產品標籤	● 我目前在做一款主打女性的遊戲產品。我之前做過＿＿＿＿＿產品，幫助上萬人提升了工作效率。
愛好標籤	● 我最能拿得出手的事，是我很喜歡拍照。我自學攝影技術，公司很多產品圖就是我拍的。想學習攝影的朋友，我們多交流。

還要考量你們所處的環境——你可以爭取到一對一溝通的機會，還是只能跟他在公開場合互動。我在 P.107 表 4-4 裡放了一對一和在公開場合溝通時可以用的話術，它們在表述上有一些區分，你可以多留意。

———

三、多說半句

前兩塊內容都有參考話術，也都可以提前練習。但我們不能做完自我介紹、跟對方請教就結束了。聊天都是一來一往的，你還要想辦法跟對方互動起來。所以，我會在標籤法的第三塊內容裡給你一個小技巧，叫作「多說半句」。

你想想有沒有那半句的差別在哪裡——新朋友問：「脫不花，你老家在哪裡？」我回：「我是山東人，您是哪裡人？」

如果沒有「您是哪裡人」那半句，光說我是山東人，這天是不是就句點了？但因為有那半句話，我就可以把問題丟給對方。不管他有沒有多說，對話都可以持續，像這樣：「我是河南人。」「那我們是鄰居。對了，你來北京幾年了？」……

四、保持基本好奇心

你不需要舌燦蓮花，只要對他人有基本的好奇心就可以。而當你透過良好的互動跟別人搭上線以後，就要看怎麼讓雙方的關係維繫下去了。這是標籤法的第四塊內容。

關於如何經營與外部客戶的關係，我在一家大公司的部門經理那裡見過一個特別好的做法：只要他的工作有變動，他都

表 4-4　興趣展示話術

公開場合	剛才＿＿＿＿＿提到的觀點特別好，我自己也在此方向做了些小研究。但是在＿＿＿＿＿地方卡住了。
	藉著今天這個機會，我也特別想和＿＿＿＿＿前輩交流學習一下。
	上次我看到＿＿＿＿＿前輩講到了＿＿＿＿＿相關的內容。
	我們公司目前也在做這個方向，今天我也想和大家在這個方向有更深入的交流
一對一場合	這個太有意思了，能請你深入說說嗎？
	最近聽說你們行業發生了＿＿＿＿＿，我很感興趣，但畢竟我是外行，究竟是怎麼回事，能問問你嗎？
	你剛才提到的成果好厲害。和別人相比，我覺得＿＿＿＿＿部分特別好。能向你請教，是怎麼做到的嗎？

會主動傳訊息給外部合作夥伴，類似這樣：**「花姐，好久沒聯絡了，最近我的工作有個……的變動，向您報備一下。」**這段話很簡單，可以說工作變動，也可以說最近重點在做什麼專案；一來一回講兩句，都不用深聊，目標就算達成了——他願意把自己的現況告訴我，就是友好地表達了對我的惦記。只要我手上有個什麼事跟他的新工作有關係，我都很樂意跟他談談合作的可能性。哪怕現在沒有這樣的機會，未來他找我合作的時候，我因為知道前因後果，啟動這件事的心理成本也大大降低了。

回過頭來看，建構資料庫的方式並不複雜，就是做好四件事：準備一段有記憶點的自我介紹、向對方展示你對他的成就很感興趣、願意多說半句把天聊下去，以及告訴對方你的現況，主動維繫你們的關係。

用這種方式爭取資源，你漸漸會發現：有人願意跟你分享行業裡正在發生的事情了，有好的合作機會，也有人會想著喊你一起做，你的外部資源也越變越大了。再遇到主管交辦任務，資源不足的情況，你不但不會拋下，還可以說：「主管，我認識的一位資深前輩也許能幫我們。」

這就是把工作幹漂亮的人會有的樣子。

【練習】
主管帶你在飯局露臉，怎麼讓現場的人記住你？

主管願意在一個飯局上把你介紹給這一行的前輩們 —— 這樣的機會的確很難得，但你的壓力肯定也很大 ——

怎樣才能讓前輩們記住你呢？

我們用標籤法演練一遍。

第一步，用「貼標籤」的方式準備自我介紹，主動為該行前輩創造記憶點。

你可以先問問主管，參加這次飯局的前輩都有誰，然後從「我能為這些人解決什麼問題」出發來準備自我介紹，比如：「大家好，我是張總的下屬小李，主要配合張總做××方向的工作。今天很榮幸有機會認識前輩。我私下特別喜歡研究 AI，希望透過 AI 來提升工作效率。我還製作過一本 AI 辦公手冊給部門同事。各位前輩如果想讓下屬也用上，我可以把操作手冊寄過來，希望能幫各位解決這個問題。」

帶你參加飯局的是你主管，飯局上的人認識他，但還不知道你是誰。所以，要先說明你的身份是「×××的下屬」，再利用「特別懂 AI 辦公」這樣的標籤來加深其他人

對你的印象。

第二步，在交談過程中，向該行前輩展示你對他說的東西感興趣。

像這樣的飯局，主管一般會帶著你。那麼參考在公開場合的溝通方法，你可以跟前輩說：「剛才王總提到的觀點對我特別有幫助，我們一個新項目正在籌備過程中，最大的挑戰就是協調好各部門。藉著今天這個機會，我也想跟王總好好取取經，您是怎麼把各方面關係協調得遊刃有餘的？如果方便的話，希望待會能向您詳細請教。」

但如果主管有事出去了，或者他忙著跟其他人聊，你就得跟飯局上的前輩一對一溝通了，可以像這樣發起對話：「王總，久仰大名，我是張總的下屬小李，經常聽張總提起您。他告訴我您也會來參加這個宴會，我就想著趕快來跟您認識一下。我關注到您最近接受了××媒體的專訪，我看了兩遍，受益匪淺。您對於行業未來 10 年發展的觀點讓我很震撼，藉著這個機會，我也想跟您請教請教。」

對於前輩來說，有個後輩對自己的觀點很感興趣，跟他聊兩句，有何不可？當然，要是你提出的問題也很在點上，那就更好了，因為他能很清楚地知道，應該從哪些方向給你指點。

第三步，不讓對方的話掉地上，願意多說半句。

在一來一回的交談中，你肯定會抓取到一些關鍵資訊，那麼請試著在這些資訊的基礎上多說半句，比如「您這招太厲害了，看似都是細節，但是對管理任務非常有用，既保證了效率，還能兼顧團隊士氣。今天太感謝主管帶我來了，我得繼續請教您」，讓對方更樂於回答你的問題。

在這一步需要注意的是，別把帶你來飯局的主管晾在旁邊，纏著一個前輩使勁問問題。像這樣的場合，對話有幾個來回就可以了。

第四步，有意識地經營關係。

在飯局上給前輩們留下好印象很重要，回到日常，是否還能跟他們保持互動，這一點也很重要。怎麼加深對彼此的了解、讓雙方的關係更緊密，這些也是你在對外拓展資源時應該考慮的。記住那句話：溝通是一場無限遊戲。做個有心人，你們溝通的回合、你們的合作都會越變越多。

　　手上資源不夠的時候，能不能到外面去找資源？這是比前面說的接任務、線上溝通等更高階的能力，也是能幫你升級打怪的能力。

　　怎麼對外拓展資源？我一共提供你三個方法：

● 供應商法，指的是你先要當別人的供應商，展示自己的價值，再換取別人的能力。

● 中間人法，就是不求一步到位找到那個終極資源端，透過跟中間人的合作鋪底，也能連接關鍵資源。

● 標籤法，讓別人知道你是誰、你對他有什麼用。你越能幫別人解決問題，別人就越有可能跟你達成合作。

　　我在這一關開頭告訴你，這些對外拓展資源的方法，都是「先利他，後利己」。現在你應該知道了：看似是利他的，本質上都是利己。

我的行動方案
學而時習之，請在這裡記錄你的思考和改變

我決定做出一個改變：

我用新方法解決了一個問題：

我的感受：

會議發言

◆ 如何在會議上發言，才能脫穎而出 ◆

會議上突然被點名，
怎麼回應？

怎麼在會議上
提出自己的想法？

參加會議沒有存在感，
怎麼辦？

感受法｜錨定法｜角色貢獻法

大多數人對於在會議上說兩句，首先感到的是畏懼，擔心在同事面前發言，說錯了會留下不好的印象，所以能不說就不說，然後可能還會幫自己找幾句理由：「我人微言輕，講話沒什麼影響力，還是多聽聽主管怎麼說吧！」

如果你也是這樣想的，那就來看看好的會議發言有機會影響什麼吧——

在不久前的一場會議上，我發現有個女孩說話特別在點子上，對於工作的理解也很到位。當時我就忍不住看了一下她的人事檔案，發現職級不高，跟她的能力明顯不匹配。會後跟人力資源經理了解情況才知道，她因為一個非常偶然的原因錯過了年度晉升的機會，導致職級一直沒上去。那我們不能讓有能力的人吃虧，趕緊讓人力資源部給了一次補救的機會。晉升之後，該帶項目帶項目，該管團隊管團隊。

我相信這不是個案。因為在會議上的出色表現被主管、同事、客戶看見，從而獲得新的機會，每天都在職場上演。特別是一個新人，如果能大大方方參與會議討論，發表獨到見解，就是在亮出閃光點，也能讓所有與會人多看一眼。

以下我們到三個常見的會議場景看看，有哪些能讓你脫穎而出的發言。

①
會議上突然被點名，怎麼回應？

先看一種很多人都不願碰到的情況：在會議上突然被點名發言。有朋友甚至痛苦地告訴我，冷不防被叫起來說兩句，簡直是職業生涯的「至暗時刻」。到底發生了什麼呢？

話說這位朋友能力不錯，工作也非常努力，很受直屬主管的賞識。有一次，主管帶他參加一個集團級別的會議，總負責人在會上忽然來了句「各條線的主管都來了，你們一個個說說」，其中也包含我們這位朋友。但他因為緊張，只擠出了一句話：「今天來參加集團的會議，我很榮幸。跟各位主管學到了很多。」

這句話錯了嗎？沒錯。但是毫無存在感。所以，他剛走出會議室就後悔得直拍大腿。帶他與會的那個主管也略顯失望地說：「平時看你很能說，也很有想法，怎麼到了關鍵時刻就凸槌了呢？」

感受法

你可能覺得，會議上突然被點名，不出糗就不錯了，還想要有突出表現，實在太難了。但先別有畏難情緒——那些看起來很精彩的臨場反應，其實是可以提前準備的。我給你演示一

118

下，上面這種情況，一個準備充裕的人會怎麼說：「**謝謝主管。各位主管好，我叫×××，在××部門負責××方面的工作。今天參加這場會議對我的工作特別有啟發。我平時只在一線，從來沒有從這個角度看待過自己手頭的工作。今天我知道了集團在推動一項政策的背後要考慮什麼因素，這對我開展自己的工作幫助很大。今天王總、張總說的××資訊我都記下來了。回去我會好好整理，深入了解一下。**」

相信不用過多解釋，你也能感受到這段話和「很榮幸參加會議」之間的區別。你不用生造華麗的辭藻，也不用提出特別高深的見解，只是結合自己參與此次會議的感受談一談，就能給與會人留下既實在、又踏實，還挺有想法的好印象。

為了方便記憶，我把這段話所用到的溝通方法叫作**感受法**。顧名思義，會議上突然被點名，要即興說兩句時，你就可以從感受出發，講講你看到了什麼、想到了什麼、產生了什麼樣的情緒。

同一件事，每個人都可以有自己的感受，不存在好壞對錯之分。但如果不說感受，而是選擇直接談意見、談想法，很多時候會顯得用力過猛——我們還沒到可以評價集團會議的程度吧？所以在這個情況裡，從自己的感受出發組織發言是優先選擇。

在此基礎上，你還要向在場的人報告一下接下來你打算怎麼做，也就是說說行動。比如，「**今天我參加了這個會議，回去要好好整理會議紀錄，了解會議精神。**」這會讓與會者覺得

你很務實。再比如，「**我今天回去之後，打算把在會議上學到的 ×× ，落實在我的 ×× 工作當中。**」這給人的感覺是你不光認真，還有強大的執行力。

發現沒有，先說感受，再談行動，這種回應方式不僅不會出錯，發揮得好還很容易出彩，可以說是即興發言的萬能句式。

但你可能會問，談行動簡單，但感受要怎麼說，總不能不著邊際地空談吧？

我試著把談感受的方法結構化了，就是你在範例（P.121 表 5-1）中看到的三個角度，分別是讚美會議上的一個細節、承接前面人發言的關鍵詞和回扣當天會議的主題。你完全可以像演員背腳本一樣，把這幾個角度記下來。再遇到需要即興發言的時候，它們就是你的關鍵切入點。

【練習】
主管點名要我跟客戶說兩句，怎麼辦？

接下來我們加點難度，來看會議即興發言裡一種比較棘手的情況。

一個人陪大主管跟企業客戶開會，原本以為自己沒什麼存在感，結果忽然被主管點名：「我們公司的小王很不

表 5-1　談感受工具

方向	話術
讚美細節	我觀察到一個細節，_____，印象很深刻。
承接關鍵詞	剛才_____說了_____，我特別認同。在這方面，我的感受是_____。
回扣主題	今天聊的_____內容，特別有啟發。

錯，非常有才華。小王你來講幾句話，跟大家認識認識。」我們這個朋友只覺得腦袋一片空白，唯唯諾諾地說了句「哪有啊，您過獎了」，就給糊弄過去了，事後回想起來特別後悔——

主管把你提出來，讓你在客戶面前說兩句，本意是想讓你展現自己，更是展現你們單位的風采。而你本能的反應是緊張，不知從何說起，白白浪費機會了。

其實，這種看似棘手的情況也能按我們前面說的方法來準備。先開始一段自我介紹：「大家好，我叫×××，在××崗位負責××工作。因為工作性質，我平時會在社交平台上分享很多自己的感受和心得，朋友們開玩笑說我是活體印刷機。」

發現這段自我介紹的特別之處了嗎？它加了一個關於你的記憶點「活體印刷機」，馬上就跟那些「我是誰，我來自哪裡，我做什麼」的介紹形成了反差感，既能活躍氣氛，客戶也容易記住你。

自我介紹之後就該談感受了。我的建議是不要怕暴露自己的感受，緊張就說緊張，拘謹就說拘謹，在座的人都能理解。但要注意的是，前面主管跟客戶介紹你的時候誇了你，你要記得接住這個誇獎，不讓它掉地上：「主管說我很有才華，我真是愧不敢當，特別感謝主管的認可，讓

我能有這樣的機會。說實話，突然要我講兩句，我真的有點緊張。」

緊接著就是說行動：「剛才我聽張總說了……特別受啟發，我從中學到了……我也不多佔用大家的時間了，接下來我會認真學習各位主管的發言，多加記錄整理，相信對我的工作大有裨益。」

其實，說行動就是在把麥克風遞給下一個人了。我們不是主角，不需要長篇大論。按照上述次序組織發言，你就能在一場面對外部客戶的會議上得體地展現自己。

2
怎麼在會議上提出自己的想法？

下面這種情況也很常見：會議進行到一定程度，你很想發表自己的觀點，但因為不知道怎麼組織語言，一回頭發現話題已經過去了。

「要不算了吧」，你心裡盤算著。但沒過多久，身邊同事提出了跟你類似的看法，得到大家的一致肯定。「早知道我就先說了」，你又懊惱地想。

一

錨定法

如果你心裡的小劇場也是這麼演，那我可得提醒你，像這樣的內耗真的沒必要。以後想在會議上提出自己的看法，你可以試試這麼說：「**前面王前輩說的 ×× 觀點，我特別認同。剛才又想了一下，我覺得在具體執行的時候可以多做一步，比如……不知道對不對，提出來跟大家討論。**」

我把這種表達方式稱為**錨定法**，用三步就可以把觀點大大方方地表達出來——

第一步，錨定會議中某個提過的內容

錨定某位參會人之前說過的某個內容：「我很認同剛才的 ×× 觀點。」這麼說的好處是不會顯得很突兀，你不是突然跳出來提了一個風馬牛不相及的話題；相反，你是以其他人的觀點為起點，從中引申出自己的想法。與會者不但會覺得你一直在參與討論，而且能快速理解你想表達什麼。

第二步，表達自己的想法

這時候，你就可以放下「別人不知道我在說什麼吧」的心理包袱，來表達自己的想法了，這是第二步。我只有一個小提醒：不要貪多，一次說一件事。具體怎麼說可以突顯你的專業性，我們到練習題裡再看。

第三步，保持開放性

保持開放性。發表完觀點之後，你可以問問別人是怎麼想的，歡迎大家一起參與討論，這就是有開放性的表現。相關表述可以是「**以上是我目前的想法，請主管們進行批評指正。**」或者「**我了解到的情況是這樣的，不知道是否完備，想聽聽各位同事的意見。**」

回想一下，你被點到發言的時候，有沒有因為緊張，想著趕緊說完結束，「啪」一聲就把觀點擱那裡了？這在其他人聽來其實很突兀，也會覺得說話的人有點霸道——你這是做了個決策，還是替主管下決定？

保持開放性，在發言的最後留下一個彈性，其實也是對我們自己的一種保護。因為你已經表達得很清楚了，你是來補位的，沒有越位。至於那些因為內耗沒辦法說出口的想法，也已經被你用錨定法完整呈現出來了。

【練習】
怎麼在提出想法時突顯自己的專業性？

再來看一道加分題。當你提出自己的想法時，怎麼說才能體現你的專業性呢？

我曾聽一位很權威的 CEO 說過這樣一句話：「要是你

開口就說『我覺得』，就不要坐在這個會議桌上。」在他心目中，所有觀點都應該基於資料和證據，輕飄飄的一句「我覺得」是特別沒有專業性的表現。

你的主管可能不像他那麼極端，但「發言體現專業性」這一點，應該是所有員工，不分上下級都要追求的。那我們是不是可以在發言的時候，把「我覺得」用其他方式表達出來呢？比如：「我們整理了這幾項指標，它們反映了××現象，基於此我建議我們是否可以這樣⋯⋯」

這就不是「我覺得」了，而是用客觀的資料帶出主觀的建議。主管可能不認同，甚至質疑你的想法，但他不會質疑資料和客觀現象，甚至他還要基於你收集到的這些資訊來做決策。

這是一種方法。還有一種可以體現專業性的方法要用個巧妙的手法，把主觀感受透過協力廠商視角說出來，即「我」換成「他」。

比如，你在體制內的某個部門工作，那你發言時用到的那個「他」就可以是上層部門、平行單位：「關於剛才討論的這一點，我了解到××部門／兄弟單位有類似的經驗，他們的回饋是⋯⋯所以我建議⋯⋯」

再比如，你在傳統產業，尤其是製造業工作，「他」就可以是供應商或者客戶：「了解主管的指示，我補充一

個資訊。之前跟我們合作很多年的 ×× 供應商／客戶提出過這樣一個問題，跟我們現在的討論有關係。基於此，我的建議是……」

還比如，你在網路行業或者服務業工作，那你心裡應該很清楚，「他」必須是用戶：「我了解我們想要這樣。我們之前向用戶了解過，用戶提出過 ×× 需求／問題／回饋，所以我建議是否可以這樣去優化問題……」

必須知道，會議上的主管們決策能力再強、專業水準再高，也沒法同時掌握所有資訊。所以，如果你能用自己整理的詳細資料和向協力廠商收集的關鍵資訊，把他們不了解的情況介紹清楚，你在會議上的專業形象將不證自明。

3
參加會議沒有存在感，怎麼辦？

看到這裡你可能會問，參加會議最常碰到的一種情況還沒說到呢！平常有大量的會跟我其實沒什麼關係，但我不得不參加。參加後，別人都說得很熱烈，而我灰頭土臉一坐一下午，覺得時間全浪費了。

如果這就是你的煩惱，那麼請記住：來都來了，與其乾坐

著苦惱，不如為自己創造一些存在感和收穫感。

接下來我們就去那些「不得不」參加的會議上看看，一個懂溝通、會做事的員工的做法跟其他人有什麼不一樣。

第一種會議的情況是你所在的小組整體向高階主管匯報工作。你只是一個小組員，會上還輪不到你說話。

我在這樣的會議上見過兩種狀態。第一種，目光追隨著發言者，頻頻點頭表示認同，並且勤做筆記。第二種呢，一進會議室就找個誰也看不見的角落坐下，把頭埋在電腦裡，劈裡啪啦敲鍵盤。

其實，不光是聽匯報的高階主管、做匯報的小組長，任何同事看到那個傳達出「我在場，我參與，我學習」信號的人，都會在心裡默默給他一個評價：狀態很積極，真不錯。

你看，花相同的時間，以相同的方式（旁聽）參加一場會議，給他人的印象其實可以很不一樣。

一

角色貢獻法

第二種會議的情況是部門開會，主管沒時間，派員工去參加。同樣是代表主管參會，小李開完會回來馬上傳了一條訊息給主管：**「您派我去參加的經營例會，我整理了一份會議紀要，附到後面了。和我們組最相關的內容，我放到了檔案的最前面。有哪裡我沒寫清楚，您跟我說，我當面向您報告。」**

而小張一回到崗位就開始做自己的事。過了一陣子，主管忙完路過小張的位置，問他會議上說了什麼。小張答覆：「沒說什麼，就是對焦一些日常工作。」

如果你是小李和小張的主管，在這兩個人績效很接近的前提下，該給誰高評分、幫誰晉升，你心裡應該有答案了吧？

我們當然知道，員工表現出來的狀態差異不能簡單地用對錯區別。但你是不是也覺察到了，小李好像更可靠一些，因為他知道在會議中怎麼做才不會浪費時間。

我把小李採用的方法叫作**角色貢獻法**，意思是你要知道自己在會議中扮演的角色是什麼，自己又能為會議做什麼貢獻。

這不是要求你非得貢獻一個石破天驚的觀點，貢獻氛圍是貢獻，貢獻效率也是貢獻，伸手幫助會議組織者，做點會議服務，當然還是貢獻。

具體分兩步走。

第一步，提前確認這次會議你需要做什麼

如果不知道，記住誰帶你去、誰派你去，你就去問誰。

一樣是那個跟著組長向高階主管匯報的例子，你就可以提前問：**「組長，我了解今天的會議，您是要和大主管匯報下一階段的產品方向，需要我做什麼準備嗎？您跟我說一下，我提前準備。」**

經你一提醒，組長很可能會跟你說：「會議簡報記得提前列印出來，給每個參會的主管都發一份。過程當中你做會議紀

錄，會後跟大家同步。」

看，你馬上為提高會議的準備效率做了貢獻。你的參與感是可以主動問出來的。

第二步，按照自己的角色定位，不折不扣地去執行

既然組長交辦給你的任務是做會議紀錄，那我們就得在過程中認真記錄。視線追隨發言人，點頭，做筆記，並在會後抓緊時間同步。

你可以在會議結束時跟組長說一聲：「會議紀錄我整理好了，稍後我過一下再發信。」你的組長馬上覺得很有面子，會跟其他人說：「會議紀錄我們整理了，稍後我的同事會發信。」短短幾句話，你就跟他進行了一次還不錯的配合。這也是你透過角色貢獻法為自己爭取來的。

P.131 表 5-2 是我為你準備的會議紀錄範例。下次遇到主管要你寫紀錄，直接填空就可以。在本書第二部分職場攻略的第7 條，還有「如何寫會議紀錄？」（P.263），哪些你做到了，哪些沒有？最後檢查補缺一下。

【練習】
陪同主管拜訪大客戶，應該怎麼做？

還有一類非常重要，但又經常讓我們感到不知所措的

表 5-2 會議紀錄範例

會議主題： 　　　會議時間： 　　　與會者：

會議共識

1. _____ 2. _____ 3. _____

行動計畫

1. _____（人）**負責**_____（事），**在**_____（時間）
   達成_____。

2. _____（人）**負責**_____（事），**在**_____（時間）
   達成_____。

3. _____（人）**負責**_____（事），**在**_____（時間）
   達成_____。

後續討論事宜

1. _____ 2. _____ 3. _____

場景，就是陪同主管拜訪大客戶。

在會議上說出觀點肯定得靠主管，一般我們就是在旁邊充當人形背板。這樣做從當下看沒什麼問題，但等到跟客戶討論具體執行工作的時候，你會發現麻煩不斷——客戶根本不記得你，只要主管有事沒跟你一起，你的工作就無法進行下去。所以，參加會議的過程，也是你作為一個服務客戶的人刷存在感的過程。

還是回到角色貢獻法，會前確認好你應該做什麼。

你可以這樣跟主管說：「我了解明天我們去拜訪這個客戶，是為了發掘對方的一個合作需求，以便後續我們能夠更好地去推動。您看哪些地方我可以提前做準備？」

當然，你也可以更主動一點，提前把你想到的工作做了：「主管，明天為了見客戶，我想，我們是為了挖掘客戶的新需求。我也提前準備了一些資料，您看看，我這部分還有什麼需要補充的嗎？」

只要你跟主管提前核對了需求，如果客戶真的問到了這個資訊，主管往往就會很自然地說：「這方面小李特別專業，我們請小李來說一說。」

你的發言機會、你在客戶心裡的存在感，都是你透過「角色貢獻」一點點建立起來的。所以，會前和主管核對要做什麼，會中嚴格執行，這兩個步驟請記好。

對於開會，你可能有很多內心戲：想露臉，但又不好意思；看到別人露臉，覺得自己也應該塑造存在感；突然被主管點名，別人還沒怎樣，自己就覺得緊張尷尬，最後反而丟臉。

我在第五關會議發言裡做的所有工作，就是幫你把內心吵雜的背景音屏蔽掉。關鍵靠「連」這個字——不管參加什麼會，想辦法把自己和當下的會議現場連接起來。

開會時突然被點名發言，就把自己的感受和現場實際發生的細節連起來。這是感受法。

心裡有想法卻說不出口，就把自己的觀點和別人已經說過的觀點連起來；不但顯得你很謙虛，還能表現開放性。這是錨定法。

陪同主管參會，沒有存在感，可以透過主動找點工作，做點貢獻和會議的組織連起來。這是角色貢獻法。

可以說，這個「連」字能讓你的尷尬和緊張感減輕不少，你的觀點和你為會議所做的貢獻則會因為它被極大地放大。像這樣用一點小努力來製造大收穫的會議溝通法則，快去試試吧。

我的行動方案

學而時習之，請在這裡記錄你的思考和改變

我決定做出一個改變：

我用新方法解決了一個問題：

我的感受：

WELL DONE

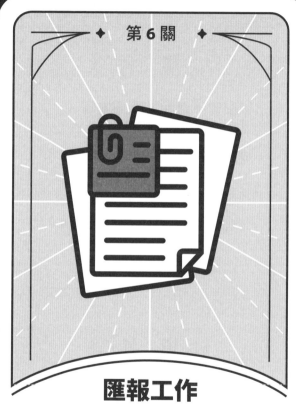

第 6 關

匯報工作

◆ 如何進行匯報工作，表達清晰有重點 ◆

✦ 關 卡 ✦

主管不聽我的匯報方案，
怎麼辦？

我的匯報方案總是被推翻，
怎麼辦？

做得不錯，
怎麼匯報能讓主管記住我？

✦ 道 具 ✦

資訊增量法 ｜ 預演法 ｜ 對比法

你也許聽過這樣一句話：「做得好，不如說得好。」

這話絕對是錯的。任何時候，做得好都是前提。但話又說回來，做得好，說不明白，輪到報告的時候表現得一塌糊塗，那也萬萬不行，因為很多主管就是透過報告來考察和選拔下屬的。

我聽微軟前中國區總裁吳士宏講過她的一段「夢魘般」的經歷：每隔一段時間，微軟全球各地區的高階主管都要到總部向當時的 CEO 鮑爾默匯報工作。鮑爾默會透過匯報看你是不是真的懂業務，能不能帶領團隊走向長期成功。他會故意給匯報的人製造很多壓力，挑戰匯報人的思路和心態。所以，有的高階主管在匯報前會預訂好一家酒吧，如果會議上沒出大事，就去喝酒慶祝；否則就喝散夥酒。

雖說我們基本上不會遇到一次匯報定「生死」的情況，但吳士宏前輩以及大量職場前輩的經歷都在告訴我們：要想在職場上發展得好，匯報工作少不了。我們就來看看匯報工作有哪些方法。怎麼做，才不讓自己前期付出的努力卡在這臨門一腳上？

主管不聽我的匯報方案，怎麼辦？

我們先來解決一個基本問題：怎麼讓主管聽得進去你的匯

報？這個「聽得進去」指的是，主管對你的匯報有回應，你能從他那裡獲得詳細指示，從而可以繼續往下進行工作。

要做到這一點其實不容易，相信你肯定遇到過這樣的情況：你為匯報做了充分的準備，結果主管不僅來晚了，而且一進門就開始低頭看手機。本來你就很緊張，結果對方連基本的注意力都沒給，於是你越講越沒內容、越講越心虛……

這是你的心理作祟。但我們不妨從對方的角度再想一下：主管確實坐在這裡，但他的心思可能還在上一個會議上，也可能已經去下一場活動了。他聽不進去你的匯報，跟我在這本書前面說的線上溝通已讀不回是同一種狀況，因為有太多工作爭相吸引著他的注意力。這場注意力之戰，你沒搶贏。

所以，你若是想改善匯報的效果，就要把他從多工齊頭並進的狀態裡拉出來，讓他把注意力投入到你的項目裡。

不妨看看下面兩種匯報方式。如果你是主管，你覺得哪種更能抓住你的注意力？

• 主管，跟您報告一下項目進展，我們做了這麼幾件事情。第一件……第二件……第三件……第四件……

• 主管，我們的項目最近終於克服了生產效率的瓶頸，核心資料已經可以驗證是實質性的突破，比去年同期提高了××。目前進度一切正常，等專案完成之後，我約您做一次完整的確認。

肯定是第二種，對吧？短短幾句話，不僅說了遇到的問題，

還說了解決問題的方案，甚至說了之後的行動計畫。是不是非常有訊息量？

一
資訊增量法

這種匯報方式裡就有我要向你展示的第一種方法，叫作**資訊增量法**，它包含三個步驟：**先說挑戰，再講有益嘗試，最後對焦行動。**

一、說挑戰

什麼是挑戰？不是說這事難，而是說說專案實施過程中你面臨哪些困難。這是第一步。

比如報告預計要一周才能寫完，結果截止時間突然提前，只剩下三天了，那時間不夠就是個挑戰。再比如某個專案你們單位第一次做，沒有任何經驗可以參考，這也是個挑戰。你在匯報時就可以先說：「**我們這個項目沒有可參考的先前經驗，所以 ×× 地方的錯誤率一直沒降下來，這是目前工作進行至此最大的難點。**」

二、有益嘗試

接下來的一步很關鍵。因為說挑戰雖然能喚起主管的注意力，但沒有表達好的話，對方會反過來質問你：「這不是跟我抱怨嗎？自己的問題自己解決。」

所以，如果你想平和地喚起對方的注意力，講完挑戰之後就要立即告知你做出的嘗試，讓他知道，為了戰勝這個挑戰，你已經做了這麼幾件事。

　　這就是資訊增量法的第二步，講有益嘗試。它不見得是一個已經塵埃落定的答案，也不見得能解決你現在的困難，但它可以讓主管看到你在往前推進，而且推得有進度。

　　了解這一點之後，你就知道為什麼以前做的匯報主管聽不進去了。因為你是從「五百年前有個廟」開始說起的：「遇到這個挑戰，我們嘗試了 A 方案，結果不行；然後嘗試了 B 方案，過程是怎樣……」這樣說表達不了你的進度。況且，對方也不想知道這些前因後果，他只想聽你說挑戰解決了沒有。

　　我推薦你用「畫地圖」的方式向主管匯報：**「針對目前遇到的這個問題，我們主要做了三點有效嘗試，分別是一……二……三……」**

　　上文中的一二三，就是你畫的三條「地圖線路」。你不是事無鉅細地講流水帳，而是用對方容易記憶的方式讓他知道，你在幾個不同方向上分別做出了努力。那他就可以抓住關鍵資訊，也能在那幾個方向上再幫你使把勁。

三、對焦行動

　　這個時候就到第三步，對焦行動了。常見的表達方式有：**「主管，我預計這項任務會在下週三完成，到時候跟您做詳細匯報。」、「這項任務我預計明天下午可以完成 ×× 部分，**

想跟您約個時間，請您確認，我們好進行下一步。」

　　你可能覺得日常工作比較瑣碎，這次匯報完，下次就不知道說什麼了。而我在「對焦行動」這一步給你的建議是，不妨預估一下任務全部完成，或者完成某個重要部分的時間，拿著你的成果向主管發起下一次溝通。

　　通常都是主管交辦我們工作，但這個時候你其實反向給主管安排了一個工作。那主管就知道了，下次聽完匯報得指示兩句，他的注意力自然也更集中了。

　　P.142 表 6-1 就是我按先說挑戰，再講有益嘗試，最後對焦行動的順序為你準備的參考話術。在匯報工作的場景中，你可以直接用起來。

　　但我想再和你強調一下：我們向主管匯報工作，主要是為了同步進度、約下一次匯報的時間。你不能只是套用話術，隨便找個時間搪塞過去。我們得對專案的進度有預判能力，別拿連你自己都不確定的時間去應付。

　　如果預估有誤，比如你和主管約了週四匯報，結果發現按現在的進度得週五才行，那你一定要提前跟他打聲招呼：「**主管，上周我和您匯報進度的時候預估有失誤。預計週四完成的這個事，要延遲到週五了。延遲的原因是……我可以約您週五的時間匯報嗎？**」別讓他在週四白白等一天。放心，只要你能管理對方的預期，預估失誤就不是問題。這個透過資訊增量來爭奪注意力的匯報方法，你學會了嗎？

表 6-1　資訊增量法匯報範例

❶ 說挑戰	主管，我跟你報告一下＿＿＿＿＿項目的進展情況。 這個項目，我們遇到的最大挑戰是＿＿＿＿＿。
❷ 有益嘗試	針對這個挑戰，我們做了幾項嘗試，分別是 ＿＿＿＿＿＿和＿＿＿＿＿＿。
❸ 對焦行動	我預計＿＿＿＿＿（時間），項目會進行到下一個階段。 想約您＿＿＿＿＿（時間），請您確認。

② 我的匯報方案總是被推翻，怎麼辦？

下面要說的情況比主管不聽匯報更棘手，就是任務明明是這麼交辦下來，但到匯報的時候，主管卻說「方向完全錯了」。

聽到這句話，那可真是又急又怕。別人匯報方案一次能過，但到了我這裡就總是被推翻。而且這個項目我已經加班做了半個月了，這麼一推翻，那麼多天的工白做了，工作進度也延誤了。

這個時候，最糟糕的處理方式就是繼續「憋住」——匯報沒通過，一定是我做得不夠用心，準備的資料還不夠多——那就再悶頭做半個月，準備得更充分一點再匯報。

如果你也有類似的想法，那我想先提醒你：這可不是埋頭苦幹的事，一個人的方案不止一次被全盤推翻，問題很有可能出在了工作習慣上。

一

預演法

我建議你使用下面這種叫作**預演法**的匯報方法，藉此養成**邊確認**、**邊匯報**、**邊做事**、**邊優化**的工作習慣，避免自己徒勞無功。

假設主管要你寫一篇講稿，那麼你在匯報進度時，通常有

兩種方式:第一種,字斟句酌,用幾百字寫一個完美的開頭;第二種,同樣是幾百字的篇幅,但稿件的框架已經被拉出來,各部分的要點也都放整齊了。

這樣一對比,就能分出孰優孰劣。第一種,也就是拿一個開頭去匯報,你得到的回覆大概是「只有開頭,要我看什麼?」你再斷斷續續往下寫,把完整的講稿拿給主管一看——思路不對,重寫。

第二種呢?別看這個框架還很粗糙,邏輯可能也不順,但只要有它在,你的匯報就是有效的。因為可靠的主管只看框架就知道你的想法大致是什麼樣。

第一步,打樣

沒錯,預演法的第一步「打樣」,意思是你不必等到有一個完美的工作成果後才拿給主管,在大多數情況下,有大綱就可以匯報。

第二步,請教

至於第二步「請教」,你可以這樣說:**「主管,您昨天交辦的這個任務,我先拉了一個很粗略的框架出來。您別笑話,我主要是有幾個點沒把握,分別是一⋯⋯二⋯⋯您能不能指點我,我看看怎麼繼續往下執行。」**

你不僅很快拿出了一個框架,還能帶著它向主管請教,請他確認方向。那麼等到正式匯報的時候,你的方案被從頭推翻的可能性就會小很多。

我們複習一遍預演法的步驟。假設主管要你帶頭籌畫用戶見面活動，像這樣的活動窗口很多，組織起來也很複雜，應該怎麼匯報？

按照前面說的，你不需要忍到一個完備的活動方案出來，而是要帶著每個階段的成果去找主管，告訴他你打算怎麼做，請他幫你把關。

第一階段是你接過任務之後，就先跟主管核對目標：「**主管，我思考了一下，這次活動我們是不是有一⋯⋯二⋯⋯三⋯⋯這幾個目標？這些目標裡面，您覺得優先確保哪個呀？**」根據對方的回覆，你在動手之前就會知道這個任務導向的結果是什麼，工作馬上就有優先順序了。

第二階段，你要帶著這場活動大致的策劃想法，再找主管確認：「**上次您定了這場活動的優先順序，我回去認真調查研究了一下，覺得如果圍繞這個優先順序的話，我們沒有必要花那麼多預算；只要在場地和嘉賓接待方面做出一些亮點就可以，像這樣⋯⋯您幫我看看，有沒有顧此失彼？**」

這又是一次確認大綱加請教。不管對方同不同意你的想法，都會提一些意見：「嗯，這幾個點抓得不錯，是這個意思沒錯」或者「我覺得場地不合適，應該這麼調整才更符合預算⋯⋯」

目標有了，活動亮點和預算也確認了，那我們就可以把完整的策劃方案寫出來，正式向主管匯報一次：「基於之前跟您的請教，我們提出了一個詳細的策劃方案，想請您再看一看。」

主管手上的這個方案，目標是他定的，亮點也是他確認過的，只要沒跑偏，那他提的肯定是像「怎麼能做得更好，怎麼能抓得更細，怎麼能防控風險？」這樣的補充性意見。你再往下執行的時候，是不是就變得容易多了？

雖然方案在上一個階段已經確認過了，但你的匯報還可以繼續。比如，所有跟視覺有關的東西是不是可以快速出一組效果圖，讓對方預演結果：**「主管，活動現場的佈置大概長這樣，您看符合您的要求嗎？」**

當你帶著這幾個不同階段的成果向主管匯報時，每個階段你都掌握了更多的資訊，也跟主管達成了更多的共識。

【練習】
工作進展不順利，要不要匯報？

工作進度正常時，你用預演法跟主管匯報了階段性成果、取得了共識；而當工作進展得並不那麼順利時，這個方法同樣可以幫到你。

來看一道練習題：你們部門約了總經理下週一開檢討會，但到週四下班的時候，你的檢討檔案才完成三分之一，週五沒辦法跟部門主管討論，下週一開會也用不到，要耽誤大事了。

但眼下你可能有點糾結，要不要跟主管同步這個情況：我要是說了，會不會顯得我不會做事，被主管質疑我的能力；不說的話，是不是還有可能最後靠運氣逆風翻盤，就不用挨這頓罵了？

但問題是，躲一次還能靠運氣，但下一次呢？該怎麼辦？所以，千萬不要抱這種不切實際的幻想，我們試著用預演法來向主管匯報，把這個錯誤的負面影響降到最低。

還是先擬大綱，再請教，你可以這樣說：「主管，關於下週一開會要用的檔案，有一個風險要向您匯報。我錯估了檢討各項工作的難度，因為有一些工作類型我並不熟悉。到目前為止，我只寫了三分之一，很難按進度完成了。我準備了一個方案：先把最重要的核心的資料分析做好，把整體的框架搭好。明天跟您約時間，請您幫我確認。週六我一定把它趕出來，週六晚上給您。您看這個補救方案是否可行？」

在工作進展不順利時，你還是選擇跟主管同步潛在的風險，這其實是一個員工有擔當、不怕事的表現。主管雖然生氣，但不會給你扣很多分，因為你在提出風險的同時，也給了他防控風險的機會，不至於釀成大禍。

3

做得不錯，怎麼匯報能讓主管記住我？

接下來我們還要提出一個更高的要求：怎麼透過匯報，讓主管記住我的工作成果？

我知道很多老實人、資深的勤奮者都有這樣的困擾：平常很辛苦，做得也不錯，但主管就是看不見。比如，你們團隊最近有一場直播特別成功，主管也很開心，猛誇主播真專業。而你作為直播運營，聽到主管誇主播，心裡就有點鬱悶——為什麼主管只看到了主播的功勞，就是注意不到我做的幕後工作呢？我前期宣傳做得好，直播間人多了，主播才能發揮得好呀。

你鼓起勇氣跟對方提了：「其實這次前期宣傳工作也做得挺不錯的」。但他通常只是敷衍一句：「是挺不錯的」。你的表現還是沒有被看到，甚至在對方眼中，你還有邀功的嫌疑。

一

對比法

那該怎麼辦？我建議你換一種方式來匯報：「**主管，謝謝您對我們大家的鼓勵。正好，藉這個機會，針對這次直播主要的變化和進步，我們總結了一些經驗教訓跟您簡單匯報一下。**」

你這麼說，對方一下子就打起精神來了——變化和進步在哪裡呢？那你就可以從專業視角來分析直播運營發揮的作用，比如：**「之前我們一場直播也就幾百人，今天我們的線上人數很多，一直穩定在 1000 人左右。我們分析了一下，發現可能是因為這個變化，我們把這次預告海報上的 QRcode 放大了，同時突顯玩法，掃 QRcode 進直播間有禮物。下次直播我們是不是重複這個做法，看它是不是真的有效？」**

你一邊說著，一邊就可以把這次直播的預告海報和之前的並排展示出來。不對比不知道，一對比才發現：原來這次成功的背後你花了這麼多心思，了不起！

這個匯報的關鍵是使用對比法。想要用好它，一共就三句話：找參考、說經驗、問看法。

找參考

找參考說的是，你在匯報工作時一定要提供一個參照物：**「我發現這次工作的結果和上一次相比有哪些不一樣……」**有這樣的對照，他才能知道你真的進步了。否則主管都是「貪心」的，你做得再好，他也覺得你可以更好。

請注意，找參照物不求多。多了不但難說清楚因果關係，還可能因為涉及多個同事的工作，你在其中扮演的角色主管記不住。所以，講一兩個顯著的變化就可以，主管自然會看到你付出的努力。但付出並不能自動證明你的工作價值，所以，馬上補充第二句話：「這次資料有增長，我透過分析，發現關鍵

是因為我們做了一件 ×× 事」。

說經驗

　　說經驗的時候，你應該落到某個具體的動作上。可以比較下面幾種說法的差別在哪裡：「我們這次放大了 QRcode」、「我們這次提前兩天發了直播預告」符合這個匯報方法的要求；而「我們這次準備更充分了」、「我們這次投入度更高了」，這樣的表達方式就不符合。

問看法

　　動作是可以被複製和推廣的，但「我好，所以結果好」不可以。在這個意義上，你說具體動作，就是在給團隊總結成功經驗，同樣也為主管創造了價值。當然，說完經驗我們得謙虛謹慎，總不能跑到主管這裡來「炫耀」，「炫耀」完就跑了。向對方要個回饋是很有必要的：**「接下來我們還想試試做⋯⋯您看是否可行？」**或者更謙虛一點：**「主管，這當然只是我的一個分析，不見得完全準確，請您指點。」**

　　一旦主管開始發表意見，你總結的就不是你個人的經驗了，而是你和主管共創的成果。把成果記下來，下次再用它來工作，那麼當你做出一些成績的時候，不光你自己驕傲，參與共創的主管也驕傲。

　　到這裡你可能已經發現，對比法的三句話本身不難，難點在於你工作中到底有沒有變化和進步，你能不能真正把它們做準確。為了解決這個問題，我為你準備好了工具，叫作「多快

好省」經驗排查表。具體到下面的練習題裡看看。

【練習】
怎麼找到值得匯報的工作亮點？

工作亮點怎麼找？我在排查表（P.153 表 6-2）裡列舉出來了，無非是從「多快好省」四個維度找。

多，就是有明顯的增量，錢賺得更多了，觸及人數更多了，都算；快，就是效率比以前更高了；好，就是得到了原先沒有的好評；省，就是節省下了更多的成本。

這麼看它們都還是直眉瞪眼的，我們實際演練一下：你參與的某個大型活動辦得挺不錯，主管表示很滿意；但你在其中的貢獻主管並不知道，那你在匯報工作時要怎麼說呢？

從「多快好省」中的「多」開始總結你的經驗吧，你可以這樣說：「主管，之前我們舉辦大型活動的出席率在30% 左右，但這次達到了 70%，高了不止一倍。我想這和我們做了這幾件事情有關……」

再說「快」，也就是速度、效率方面正向的變化：「這次活動除了出席率不錯，我們的籌備效率也比上一次高了不少。上次舉辦同類型規格的大型活動，我們花了一周多

的時間，這次我們僅用三天就把所有的事都籌備完了。我想是因為我們提前做了這些準備……」

還有「好」，這個時候你就可以把收集到的好評跟主管提一提：「活動散場之後，我聽到 ×× 嘉賓誇獎我們。他說這一次我們的活動在 ×× 方面做得特別好，以前我們從來沒有在這方面收到過好評。我想這是因為我們這次做了這幾件事……」

最後說說「省」，如果你在成本控制方面做得特別好，就像這樣說：「主管，這次活動前前後後的費用是 ××。這次雖然規格減了一點，但是我們的成本比之前省了一大半。我分析了一下，應該跟下面這三項調整有關……」

你看，從「多快好省」這四個維度一排查，你的經驗總結不就都出來了嗎？下一次你感覺自己有進步，但又說不出到底哪裡做得好的時候，就從這幾個維度來準備匯報。再也不用擔心自己做得好，主管卻看不到了。

表 6-2　「多快好省」經驗排查表

多 （數據方面）	這一次的數據相較上一次，多出了＿＿＿＿＿。
快 （速度方面）	這一次項目的完成進度相較上一次同類項目的完成進度，快了＿＿＿＿＿。
好 （反饋方面）	用戶針對這次活動的評價＿＿＿＿＿，是之前的活動所沒有的。
省 （成本方面）	相同的效果，這一次花的費用比上一次節省了＿＿＿＿＿＿＿。

◆ 花姐幫你畫重點 ◆

我們集中火力，講了一系列匯報的方法，希望能幫你把這個大難題徹底解決掉。

到這裡，我再給你畫個重點：不管你用哪種匯報方法，關鍵都是第一時間。

工作做得不錯，怎麼匯報能讓主管記住？你要第一時間找到這次工作的變化和進步，為團隊總結經驗。那麼即使不邀功，主管也會注意到你的功勞。這是對比法。

萬一工作中出了點狀況，那更要在第一時間向主管預警風險，主動承擔你的責任，帶著你的解決方案向主管請教，讓他對風險有預判。這是預演法。

即便工作進度正常，第一時間匯報也很有必要——如果你能按先說挑戰，再講有益嘗試，最後把對焦行動的順序告訴主管，「一切都在進度上」，那他就能對你的工作做到心中有數。這是資訊增量法。

把這些方法第一時間用到工作中吧！讓所有人都看到一個「幹得漂亮，更能表達得漂亮」的你。

我的行動方案

學而時習之，請在這裡記錄你的思考和改變

我決定做出一個改變：

我用新方法解決了一個問題：

我的感受：

WELL DONE

第7關

催促

◆ 如何催促，避免因別人拖延而耽誤進度 ◆

✦ 關 卡 ✦

我很著急，對方卻在忙別的，
怎麼辦？

我很著急，對方卻做不出來，
怎麼辦？

對方做了，但不符合要求，
怎麼辦？

✦ 道 具 ✦

包裝法│助推法│重啟法

在職場上，我們有大量的工作要跟別人配合協作。如果前一道程序的同事拖延了，你負責的下一道程序就沒法開工，當然也很難按時交付結果。

面對這種情況，我發現，會催促和不會催促的員工之間有一道巨大的分水嶺——

前者一出馬，別人就願意配合；哪怕事發突然，也願意幫他趕工。後者呢？就算他提出提前需求，三番五次提醒，對方還是一拖再拖。更要命的是，要是被催煩了，對方一個不樂意，直接放下說不做，還得罪人了。

你想想自己的經歷，再看看身旁，是不是就有這兩種截然不同的情況？你是不是也想知道，那些會催促的人到底做對了什麼呢？

下面我們一起來看看，怎麼催促可以避免因別人的拖延耽誤自己的進度。

我很著急，對方卻在忙別的，怎麼辦？

你很著急，對方卻在忙別的——這樣的例子在職場俯拾皆是，隨手就能找到一則——你為了按時跟客戶請款，早早就把合約提交給了財務部門，結果三天過去了，流程還是沒跑完，款還是沒申請。

遇到類似的情況，很多人會衝過去責問道：「合約審了嗎？還要多久？客戶很著急！」

有用嗎？當然沒用。對於財務部門來說，像這樣的催促每天都有十幾次，公司規模大一點的話，甚至會有成百上千次。每位業務人員都很著急，都希望自己的事能被優先處理，財務同事怎麼可能因為你喊了一句「我著急，你快點」，就放下別的工作，先辦你的事呢？

不妨先看看有效果的催促長什麼樣：「**王姐，我想問問給×× 公司的付款申請現在進行到哪個階段了？這位資深客戶特別執著，簽完合約一天拿不到錢就一天不踏實，天天問我什麼時候能收到款項。要是您今天能幫我把付款流程走完，那可真是幫大忙。或者實在不方便，您能不能告訴我一個大概的時間，我再去和客戶溝通。知道什麼時間能拿到這筆錢，客戶心裡就踏實了。**」

這樣催，是不是催？當然是。但對方聽著是不是舒服多了？要是真能加快，她肯定就幫你了；但要是快不了，她至少也會給你一個相對可靠的時間，而不是一拖再拖。無論你的情況屬於哪一種，這個進度都沒有耽誤在莫名其妙的流程上。

稍作對比你就會發現，第一種說法「我很著急，你得快點」其實沒什麼邏輯。你的事你著急，憑什麼要我也快點？一旦你亮出這種置身事外的態度，讓對方覺得你對他沒有任何理解和諒解，那他說什麼也不會幫你了。

第二種說法就很不一樣，因為它字裡行間都在告訴對方：

雖然什麼時候撥款不是我能決定的，但跟客戶溝通的責任在我。我繼續跟他聊著，請他再給我們一些時間；你能不能也在你的能力範圍之內告訴我一個交付結果的時間？

這樣溝通，對方就沒什麼心理壓力，「不就是幫個小忙嗎？幫！」原本讓你很焦慮的工作進度也會因此推進一步。

—

包裝法

這裡就要說到催促的第一個方法了——**包裝法**。把你的要求包裝成一個求助，只要對方願意幫你這一點小忙，你們雙方都能得到一些工作上的好處。這樣催進度，成功的機率會比直接提要求高得多。

不要看到「包裝」二字，就覺得是要你巧言令色。其實，你只要把三個關鍵字植入催促裡就可以了，分別是**目標**、**好處和行動**。

目標

首先，有目標感的溝通方式是就事論事，不參雜任何情緒化表達：**「我想問一下，這件事進行到什麼階段了？我關心這個是因為我們要解決⋯⋯問題。」**

你要問的是「到什麼階段了」，而不是「好了沒」；你要表達的是「我關心」，而不是「我著急」。這就避免了用自己的負面情緒向對方施加壓力。

好處

對方聽懂目標以後，我們必須把第二個關鍵字「好處」點出來，讓他知道，幫你解決這個問題對他來說同樣是有價值的：**「別的步驟我們都做完了，就差這臨門一腳了。只要您幫我們這個忙，就能……」**

什麼是好處？客戶會感謝他，主管會認可他，大家能看到他的實力，部門的指標能早點達成，甚至再簡單不過的「忙完這件事，我們都能早點下班」都是好處。如果對方意識到幫你就是在幫團隊，也是在幫他自己，我們推動進度的可能性是不是大大提高了？

寫到這裡，我想和你分享一個超級銷售的經驗。在我看來，他把「好處」這個關鍵字的效果發揮到了極致。

我們知道，銷售想做得好，光靠自己在前方打仗不夠，還要仰仗團隊在後方的支持。否則，好不容易談到下一個客戶，財務部拖幾天、法務部拖幾天、市場部再拖幾天，客戶就拖沒了。

而這名銷售有一個工作習慣：他每次去外地出差拜訪客戶，都會買一些當地的特產，然後提回來送給公司支援部門的同事們。這些特產肯定不是什麼貴重的東西，貴重就不對了。送特產本身沒什麼，重要的是他對支援部門同事說的話：「我剛從浙江回來，見了××客戶，帶了一些他推薦的芡實糕，是他們當地的特產，快試試。這次我們跟這個客戶的合作特別順利，多虧有你們神助攻。」你想，支援部門的工作很少與客戶直接

接觸，公司簽下新客戶時，大家看到的也是衝在前面的銷售，支援部門在銷售身後的配合很少被提及。而這個超級銷售這麼說，就是在告訴支援部門：他跟外部客戶能有好的互動，離不開內部團隊的支持。這次簽下大單，功勞簿上必須有支援部門。

所以，「好處」是什麼形式不重要，重要的是讓對方感受到幫你是有價值的。未來這名銷售遇到什麼突發情況，需要支援部門的同事幫忙趕進度時，他的催促就不是冷開機了。

行動

到這裡你可能覺得，該說的都已經說了，氣氛也烘托到位了，應該沒問題了吧？但從對方的角度看，你還沒說到底要他做什麼。所以最後一定要補上一句：**「您只需要幫我這麼做……就可以了，謝謝您。」**

這是包裝法的第三個關鍵字「行動」。至於怎麼形容這個行動，我認為它應該越小越好，小到對方可以毫不猶豫地去做。原因我們在「爭取資源」那一關講過了：事越小，對方啟動的心理成本就越低。

你可以比較一下大行動和小行動之間的區別——大行動是請對方幫你改一篇你寫的文章，小行動則是請對方提供他之前寫過的類似主題的文章，讓你借鑒他的範本和結構。前者一看就是很難催促的任務，改成什麼樣、按什麼標準改，都是未知數。相比之下，後者就簡單得多，因為對方只要把微信上的文章轉給你就可以了，你催促起來也沒什麼難度。

總結一下，用包裝法催促，就是讓對方看到做這件事顯而易見的價值，讓他願意配合你往前趕進度。用一則公式表示，就是：**包裝法＝明確目標＋明顯好處＋要求行動**。你可以參考 P.165 表 7-1 裡對應的話術，把輕重緩急表達清楚，避免用自己的情緒向對方施壓。

　　但我知道，很多時候你不是故意向同事施加壓力，你只是太著急了，一下沒忍住說了負面的話。所以，我把催促時會讓人感到不舒服的表達方式也列出來了，供你參考：

- 邊界不清：比如「主管催我催得很急，你必須幫我一下」。
- 推卸責任：比如「這件事只有你能做，所以你必須做」。
- 大事小說：比如「這件事很簡單，你現在開始弄，馬上就能弄完」。
- 隨意派活：比如「現在有個 ×× 事，你要在 ×× 之前交給我」。
- 誇大後果：比如「要是這個問題沒解決，我們都會完蛋」。

　　在找同事之前，你可以先把這張「負面清單」拿出來看一下，提醒自己不要這麼說，避免在誤傷他人的同時，也影響自己的進度。

表 7-1 催促範例

目標	這件事進行到哪個階段了？ 我關心是因為_____。
好處	**解決問題**：這步做完，就可以解決_____問題。 **向前一步**：這步做完，就能進行下一步_____工作了。 **達成指標**：這步做完，我們就能達成_____指標了。 **工作閉環**：這步做完，我們的任務就完成了。
行動	您只需要幫我做_____就可以了，感謝。

【練習】
關鍵人遲遲不做決策，怎麼辦？

現在我們來看一種更有挑戰性的情況：如果導致進度延誤的不是上下游同事，而是主管，該怎麼催促？

設想一下：你作為 IT 支持組的同事，要推動新的辦公系統在公司執行。在這個過程中，只有各部門負責人確認新系統功能無誤才能進行遷移。目前除了業務部的王總，其他部門負責人都已經完成確認。催了王總很多次，眼看原定的確認截止時間馬上要到了，他還是沒有回覆你……

說實話，碰到這種情況是最難受的——你作為執行者，把自己能做的工作都做了，但關鍵決策人不拍板，導致整體的專案進度受影響。你充滿了無力感，甚至還有一種被陷害的感覺。

但我們不妨跳出來再看一下：對方遲遲不做決策，很可能是他有什麼顧慮沒告訴你。我馬上想到的一種可能性是這個決策比較複雜，他還沒考慮清楚要不要接受。這時候你去「圍追堵截」，效果肯定不好；因為哪怕對方被你抓到了，也只會回你一句：「我記得這事，我再考慮考慮。」

所以，為了讓你的催促對上級真的有效果，我要給你一個叫作「決策成本檢查清單」的工具（P.169 表 7-2）。

你會看到，一個決策者考慮的維度和我們很不一樣——我們作為執行者關心進度，但在他們頭腦裡的卻是時間成本、溝通成本、精力成本等等。手握這張清單，你就可以從對方的角度思考，導致他沒有及時回饋的因素都有哪些。

　　比如，他可能擔心會產生時間成本。換新系統意味著大家要重新適應操作流程，本來只要十分鐘的操作，現在可能得花半小時來學習。再比如，他可能擔心會產生溝通成本。如果要換新系統，他就得跟下面七八個業務組同步，每個業務組還會提出自己的想法，溝通起來費時費力。還比如，他可能擔心會產生精力成本。最近下屬都在忙大促銷活動，工作量本來就飽和了，額外學習新系統的操作會耽誤工作進度。

　　你不必給自己提過於苛刻的要求：我要跟決策者想得一模一樣，我要找到問題到底出在哪裡……，只要結合清單，思考對方做決策的幾個不同維度，然後有針對性地準備解決方案就可以了。

　　當你帶著方案和決策者溝通時，包裝法就派上用場了——你可以把目標、好處和行動一個個拿出來說說：「王總，這次我們換新系統，在審批流程會有一些調整。關於這一點，我們提前準備了方案，後續我們會組織一次培訓，

讓業務部門的夥伴快速熟悉系統，減少因為不熟悉系統而產生的延遲。在新系統投入使用的第一個月，我們也會密切關注大家的使用情況。您覺得這麼推進合適嗎？希望您能給我們一些建議，讓我們的系統能更好地服務大家。」

對方一聽，你不是單純來催進度的，也考慮了業務部門真實的需求，那你們雙方就從對立面站到了同一條戰線。等他提完建議，你還可以馬上回應：「您剛才提到的這一點很重要，我研究一下具體的解決方案，明天下午來和您匯報。」

而當你再次發起溝通時，情況就變得不一樣了——因為你是來解決他遇到的真實問題，這個時候，你再跟對方說確認新系統功能的事，他有很高的機率會因為看好你的行動力，同意簽署確認文件。

2
我很著急，對方卻做不出來，怎麼辦？

現在來看另一類催促難題：你向設計師提出需求，要一套完整的活動海報。設計師的工作量很大，忙了老半天還是沒搞定，而你又等著拿這套海報去布置活動現場。留給設計師的時

表 7-2 決策成本檢查清單

時間成本	做這件事，對方需要花費的最多時間和最少時間分別是多少？
溝通成本	做這件事，對方需要跟哪些人達成共識？
精力成本	做這件事，對方需要額外付出多少精力？
切換成本	做這件事，對方需要配合你做切換，這會帶來多大的損失或者成本？
協調成本	做這件事，對方需要協調多少關係，協調這些關係的複雜性如何？
人情成本	做這件事，對方是否會搭上自己的信用，並且欠下人情？
機會成本	做這件事，對方要放棄哪些可能帶來更高收益的機會？

間不多了，你要怎麼推進呢？

一種常見的做法是每隔一段時間就給設計師傳則訊息：「好了沒有？」、「為什麼還沒好？」「什麼時候能好？」拜託，設計師又不是在偷懶。你越催，對方心越急，最後被你逼得雙手一攤說：「反正我就是做不出來」，這樣可怎麼辦？

—

助推法

為了避免出現這種情況，我建議你這樣溝通：「**這次工作量的確很大，完全理解。不過，明天下午我們就要拿這份海報去做宣傳了，時間真的很緊迫。你看這樣可不可以？你給我一個模板，我幫你做些前置作業。雖然我不專業，但是把文字打進海報裡這樣的工作我肯定能做，到時候你再統一調整。這樣會不會比較快？**」

你不是來監督工作的，你是來幫忙他的；你們的關係發生了改變——這就是兩種說法的區別。

你心裡可能還有顧慮：我純粹是外行，能幫他什麼忙呢？但你要知道的一個事實是：人們在職場上接收到的絕大部分都是負面壓力。你沒有給對方壓力，相反，你表達出理解他的難處、關心他的狀態、願意幫忙他的這層意思——你在他眼中就跟其他人不一樣了。對方覺得你是個友好，同時也很仗義的人，當然會有意願幫你趕進度。他的心態變了，解決問題的辦

法就多了。

————

　　這就是**助推法**——在對方做不出來的時候，把你自己的優勢附上去，讓他有心力朝著完成任務的方向繼續前行。具體表達的時候，你要說出三層意思，分別為理解、選擇和表態。

　　第一層意思是表達對他人處境的關心和關注：「**我知道這個工作做起來確實不簡單。**」用這樣一句話，讓對方感到自己的處境被理解了，你們之間的關係就不再是劍拔弩張的。

　　第二層意思是你要想想在力所能及的範圍內怎麼做能幫到他，給他提供一些選項：「**時間確實很緊迫，我可以幫你做××或者××，你需要嗎？**」

　　第三層意思是你在結束溝通前要提出來的：「**如果有我能幫上忙的地方，你一定要告訴我。哪怕讓我幫你買個便當也行，至少可以幫你省點心。**」做一個表態，讓對方實實在在地接收到你的善意。

　　作為外行，你在催促時肯定會遇到一個難題，就是對方不知道你能幫他什麼忙。所以你要主動把最後這層意思表達出來，讓他知道你願意和他一起並肩作戰。

　　我為你準備了一張「外行幫忙清單」，有你在表態時能為對方提供幫助的幾個方向：

- 接手：比如「哪些步驟是機械重複的，我來做」。
- 跑動：比如「你還要找誰了解情況，我幫你問」。

- 討論：比如「哪裡不清楚，我們先溝通一下」。
- 參考：比如「我先找找相關資料，生成一個 Demo（樣本）」。
- 陪伴：比如「我就在旁邊工作，有什麼事你叫我」、「你要吃什麼喝什麼，我去幫你買」。

有需要的話，你可以把這張清單拿出來，看看哪幾個方向是自己馬上能做的。在對方看來，你不僅沒用催促訊息轟炸他，還主動表態說有困難隨時商量，那他就放心了，也能把精力放到任務上去了——這不正是你想要的嗎？

最後，如何用好助推法，我還有兩則小提醒，就是要「**當面說**」和「**馬上做**」。要當面說的理由很簡單，那麼著急的事，如果只是線上傳則訊息，對方看到會覺得「你也沒什麼誠意」。甚至他可能正忙著，沒看到你的訊息，那你就錯過了助推一把的黃金時機。所以，站起來，走到對方座位旁邊，當面談。讓對方看到你的表情、肢體語言，更讓他看到你的誠意。

同樣地，在對方需要你做點什麼的時候馬上去做，讓他知道你給他的從來不是空頭承諾——這也是你展示誠意、完成助推的方法。

【練習】
我要對應的人很多，
怎麼避免他們做不出來的情況？

前面我們看的都是一對一催進度的情況。但當你帶頭一個專案，要面對很多來自不同團隊的同事時，催促難度一下子升級了——你們不在同一個團隊，你對這些同事負責的工作本來就不熟悉；要是他們遇到什麼突發狀況導致進度延誤，你作為項目帶頭人就會非常被動。

怎麼辦？我認為應該在問題暴露出來之前解決它們。

什麼意思？就是你要經常發起一些非正式溝通，對這些同事所在的團隊最近在忙什麼，對哪些變數會影響專案進度做到心中有數、高度關注。

平常路過他們部門，在電梯間碰到他們，或者在餐廳跟他們一起吃飯的時候，你都可以提一下：「這兩天怎麼樣，忙嗎？你們部門有沒有接到什麼新任務？」

如果對方告訴你：「最近特別忙，有個客戶臨時加需求，需要我們支援。」那你心裡就應該警鈴大作，趕緊關注一下你負責的專案進度有沒有被耽誤。

你可以試著用前面說的助推法來溝通——

「那肯定很辛苦吧。」這是向對方表達理解。

「我們那個專案的進度會有影響嗎？有影響沒關係，你趕緊說，我跟你一起協調。」這是在為他提供選項。選項有很多種，比如「我們之前跟這個客戶對應過，他對細節要求特別高，經常會挑剔我們。我們研究了他的幾個設計偏好，你看看對你有幫助嗎？」就算一種。

請注意，就算對方打包票、攬在身上，表示「沒問題，還能撐」，你也不能全信，因為他有可能是過度自信。所以接下來你要告訴他：「沒事的，你不用自己扛。下週二的例會上，我們可以討論一下這個情況，看看人手、時間方面能不能調整。總之都是公司的事，我全力支持你的工作。」這就是你做的表態。

作為專案帶頭人，如果你能給予專案成員情感上的支持，替他考慮問題的解法，甚至主動表態願意支持他在專案外的工作，他對你的事情也會更上心的。就算他現在分身乏術，未來等他的時間精力回到你的專案上時，肯定能做到全力以赴。

P.177 表 7-3 是我自己用來跟公司各個業務的負責人溝通的工具，推薦你在自己的記事本裡照著樣子畫一個。每週結束的時候，你都可以回到這張表上，看看自己跟那些來自不同團隊的窗口是否產生過至少一次非正式對話，是否了解他們在工作中遇到的難處。花幾分鐘檢視一下，專

案進度拖延的情況大概就不會發生在你身上。

3
對方做了，但不符合要求，怎麼辦？

到目前為止，還有一種棘手的情況等著我們解決，一起來看看。

你正在整理小組的工作文件，發現有個同事寫的部分並不符合你們原定的要求。雖然他按時交了，但因為要退回去重做，所以還是會影響你的進度。

遇到「對方做了，但不符合要求」的情況，你一著急可能就會脫口而出：「不是跟你說了嗎？這麼寫不行。你寫成這樣，我怎麼跟主管交代啊？趕快再去改改。」

同事聽完可能就爆炸了：「為什麼不行？你要的資料我都交齊了，到底想怎樣？！」

這是你在催促時經常會看到的一幕：你一著急，對方就表現得比你更著急。所以，你最好換種方式跟他溝通：「**抱歉，一定是我沒說清楚。這份報告不是用來匯報的，而是作為資料用來存檔的。我們經理對這些歷史資料的存檔有幾個要求，分別是⋯⋯你看看有沒有時間，我們現在可以討論一下，怎麼調**

整能讓這份資料符合他說的那幾個要求？」

這樣說，對方在情感上是不是更容易接受？因為他作為被安排任務、被催促進度的一方，發現問題居然有了討論空間——這種被別人尊重的感覺，是不是還挺不錯的？

—

重啟法

你一定要意識到，對方交付的結果之所以不符合你的要求，是因為你們對這個任務的理解從一開始就有落差。這時，著急往下趕肯定不是好主意；你應該回到最初交辦任務的階段，找出落差處，重新跟他核對資訊。

這就是**重啟法**。要想用好它，還得靠三句話：**攬責任、說標準、核對計畫**。

攬責任

第一句話，先把沒做對的責任攬到自己身上，就像前面範例裡說的：「**抱歉，出現這個問題一定是我一開始沒說清楚。**」

責任是你背還是對方背其實沒那麼重要，現在還不到檢討誰對誰錯的時候，進度更重要。況且，你透過攬責任，幫對方釋放掉焦慮情緒，這樣不僅可以避免對方「發飆」，在辦公室裡跟你吵起來，也更利於你往下推動任務進度。

表 7-3　關鍵窗口溝通表

對接人	本周 是否溝通	進度是否 需要預警	備註
	是□ 否□	是□ 否□	
	是□ 否□	是□ 否□	
	是□ 否□	是□ 否□	
	是□ 否□	是□ 否□	
	是□ 否□	是□ 否□	
	是□ 否□	是□ 否□	

說標準

當然，第一句話裡的「我沒說清楚」並不代表「我說錯了」，而是「我沒讓你理解這個任務到底要做什麼」。所以，你要在第二句話裡把標準、要求、規範重申一遍：「其實這件事是為了實現 ×× 目標，因此它有幾個標準，分別是……我們設定這幾個標準的原因是……」

很多時候對方不是不知道你的那些要求，他只是不理解為什麼要這麼做，所以做得不明不白的，因而心生抗拒。如果你可以在幫對方制定標準的時候，把設定這些標準的原因一起告訴他，他對任務的理解就會馬上變得不一樣。

舉個例子：「這次我要的這個影片，它的長度要求是一分鐘以內，不要長。」聽到這個要求的人會做嗎？好像會，好像又不會——我拍成一分半鐘為什麼不行？

你要預想到對方的心中想法，像這樣告訴他：「**這次我們需要一個時長一分鐘的影片，因為我們要在年會開場時播放它。時間一長，大家的注意力就抓不住了，年會後面的進度也會耽誤。所以，只有一分鐘，我們要不長不短地剪一分鐘。**」

聽到這番話，對方的注意力就會一下子被挑動起來——確實，作為年會整體流程的一部分，長了會耽誤後面的進度，我一定要把控好——這也是讓對方發揮更多自主性的一種溝通方式。

核對計畫

責任攬了，標準也說了，最後，也是最關鍵的一步——核對計畫。你可以這樣說：「**我考慮得可能不是很全面，所以我想聽聽你的想法並一起定下來，接下來該怎麼做可以趕上進度？**」

沒到核對計畫這一步，你就不能「假裝」你們已經溝通了。但凡出現「你說了，對方聽不懂」或「對方聽懂了，但做不到」的情況，溝通就是無效。所以把你們當場說的話落實成接下來要做的事，化解所有可能的「遺留問題」是你在最後要做的。

我個人認為，在重啟法的三句話裡，最難的是第二句話「說標準」。因為在絕大多數情況下，我們只知道任務是什麼，至於為什麼要做，怎麼做算做好了，我們可能從來沒有深想過。為此，我特別準備了一個思考工具（P.180 表 7-4）。你在跟別人溝通之前，可以先把這張表填一遍，讓自己對任務的目標和標準做到心中有數。

這樣，遇到對方做了但不符合要求，需要重做的情況，你就可以把標準跟他重申清楚；事後再以表格形式寄 E-mail 給他，後續要催進度的時候也好辦。

當然，你最應該注意的一點是，沒有人喜歡一而再，再而三地被「重新啟動」。一個懂溝通、會催促的工作者會在剛開始對應時就把對方的感受管理好，不讓對方抱怨「我明明已經做了好多遍了，你現在才跟我說清楚到底該怎麼做」。

所以，我們也爭取一次把標準對清楚、讓事情能一次做對。不到萬不得已，不拿這個方法來重啟。

表 7-4　工作對接檢查清單

我接到的任務是什麼，這個任務要解決什麼問題？

對方需要配合完成任務的哪個部分，這部分工作的硬性要求是什麼？

對方需要做的第一步是什麼，需要注意什麼？

完成第一步以後，對方需要做什麼，需要注意什麼？

對方繳交工作成果時，需要從哪些方面進行檢查？

......

◆ 花姐幫你畫重點 ◆

我在講催促的三塊內容時反覆提到了一個詞，那就是「尊重」。

說到底，不會催促的人就是把同事當成「工具人」。自己一著急就「叮叮叮」搖鈴提醒對方，越著急，叮叮聲越大，同事就越唯恐避之不及。

而那些會催促的人從來不會把同事當工具。他們願意體察對方的難處，幫對方掃清各種障礙，把人還原成人——

同事手邊事情多的時候，用包裝法，讓他看到優先幫你的好處，掃清感受上的障礙。

同事沒法按時交付的時候，用助推法，盡自己所能幫他掃清行動上的障礙。

同事做了，但沒達到標準的時候，用重啟法，掃清彼此之間在處理資訊上的障礙。

在尊重對方的大前提下，讓障礙變少，讓感受變好，還有什麼進度是你催不動的呢？

我的行動方案
學而時習之，請在這裡記錄你的思考和改變

我決定做出一個改變：

我用新方法解決了一個問題：

我的感受：

WELL DONE

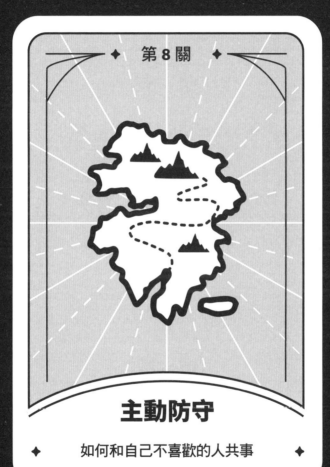

第 8 關

主動防守

如何和自己不喜歡的人共事

同事跟我鬧彆扭，影響了工作，
怎麼辦？

同事推卸責任，
怎麼應對才能維護自己的利益？

同事不肯好好配合工作，
怎麼辦？

_____

♦ 道 具 ♦

重建關係法 | 公示法 | 劃定邊界法

說到「不喜歡的同事」，嘿嘿，你腦海裡是不是馬上閃過了幾個人的名字？

在職場上，我們每天要和形形色色的人打交道，難免會跟那麼幾個人合不來，甚至有過節。這看起來是怎麼處理人際關係的問題，其實另一方面它也反映了一個人的工作能力。

對於這一點，你可能要提反對意見了：同事天天給我添麻煩、跟我鬧彆扭，我不喜歡他、不願意跟他合作，這不是人之常情嗎？為什麼會被定調為工作能力有問題呢？

因為你的主管和你所在的組織關心的不是同事喜不喜歡你、你喜不喜歡同事、你們的關係好不好之類的問題，他們看的是你擅不擅長與別人合作，特別是你跟別人有矛盾衝突的時候，能不能做到不躲、不畏縮，且有效率地解決問題。

你看，這就涉及工作能力的修煉了，這項能力叫作「哪怕我和這個同事私人關係處得不好，我也能理性地跟他一起完成任務」。事實上，只要掌握正確的工作方式，你不用強迫自己去迎合討厭的人，也能把工作做好，還能讓所有旁觀的同事覺得「你跟任何人都能合作，厲害厲害」。

到底該怎麼和自己不喜歡的人共事呢？下面我們就來解一解這道題。當然，我知道無論我說什麼，你可能還是很難克服心理上的那份難受和彆扭。沒關係，我只是希望下次你再遇到這種情況時，可以提醒自己：先別急著下結論，試試我給你的方法，看看情況會不會因為你的改變而改變。

①

同事跟我鬧彆扭，影響了工作，怎麼辦？

「我之前跟某同事配合得還可以，但這次合作剛開始，他對我好像有意見似的，說話特別衝」、「某同事在部門裡是出了名的好相處，但這段時間他就是不配合我的工作，我感覺我們之間也沒什麼摩擦啊」……

上面列舉的是我在讀者留言裡看到的一類共同問題：同事莫名其妙跟我鬧彆扭，影響了正常的工作進度，該怎麼處理？

我先幫你梳理一下。同事之間有矛盾，原因往往不是什麼你死我活的大事件，通常是日常工作而已。通常是兩個人在之前的合作裡有誤會，沒有及時地澄清和解決，從此對方就在你身上貼了一個負面標籤（有可能你也給對方貼了）。你想，對方天天看著你的負面標籤，當然會有負面情緒，再配合起來，很容易消極怠惰，也會產生新的誤會。

所以，當你發現某個同事突然變臉、不好好配合工作了，就要順著剛才說的邏輯往回推理；然後你會發現，絕大多數矛盾都是工作中的誤會沒有及時澄清所導致的。

―

重建關係法

為了避免出現惡性循環——雙方互看越看越不順眼，越不

合作就越不願意合作,所有的溝通都變成了強化負面印象的證據——我們要第一時間澄清誤會,坦蕩地翻轉印象。這叫**重建關係法**。

如果你大概知道對方是因為什麼鬧彆扭,就可以說:「張前輩,上次跟您合作,我覺得我 ×× 地方做得不夠好,忽略了您的感受。我後來反省了,特別抱歉。這次無論如何,我得跟您說一聲,實在是不好意思。您放心,這次合作不會像上次那樣,我一定注意自己的工作方式。」你這樣說,就相當於主動指出了「房間裡的大象」;對方大概不會當作耳邊風,也不好意思繼續跟你明著鬧彆扭。伸手不打笑臉人嘛。

但如果你思前想後,還是不知道對方在介意什麼,你還可以換個方式說:「張前輩,上次能跟您合作,我覺得很好、很踏實。但對於這次新合作,我感覺您的態度好像有所保留。是不是我之前有什麼地方沒做好,讓您產生了誤會?您能不能跟我說一說,在接下來的工作中我一定改進。」

對方心結一時沒法解開,其實沒關係;只要你搶在前面把這句話說出口,主動遞出合作的橄欖枝,那你一方面就有機會澄清之前的誤會,不讓對方把負面情緒帶到新的工作裡;另一方面也能證明你心胸寬大,願意團結合作。

這是你跟同事重建關係時要做的第一步,理順前因後果。接下來的步驟——公開工作資訊,是為了防止對方嘴上說「可以可以,沒事沒事」,到實際工作時還是彆扭的情況。只有公開雙方已知的資訊——我知道的我也得讓對方知道,對方知道

的我也應該知道——才能防止誤會加深。畢竟你們之前已經有過誤會了,不是嗎?我建議你主動公開的資訊主要有四類:

第一類,場合

什麼叫公開?私訊不算公開,只有能讓大家見證的才叫公開。所以,你和對方至少要約定一種交換資訊的公開場合。「我們所有資訊都要發到 Email 群組裡面」或「工作任務都要在專案管理軟體上公布和同步」都可以。

第二類,標準

既然你的工作需要對方配合,那怎麼樣算完成配合、做成什麼樣能合格、衡量工作合格以及完成配合的標準分別是什麼?這些都要提前說清楚,也就是把你的工作標準亮出來。

第三類,時間

你什麼時候提的需求?中途有沒有需要驗收的時間點?什麼時候交付最終成果?……這些時間能鎖死的就鎖死,能提前公開的就公開,避免互相推諉。

第四類,配合方式

常見的有「我理解你不接受臨時的工作安排,有需求我會提前 24 小時向你說明」、「我們有事都在群組裡說,開會前先傳給對方檔案」、「重要資訊用 Email 的形式溝通,並副本給相關同事」。

此處有個提醒:當你跟對方一是一、二是二的確認工作方

式時，最好這樣說：「張前輩，我知道您很忙，很怕浪費您的時間。為了讓我們的專案更順利地推進，也節省您的時間，我想跟您確認一下後續我們的配合方式。有這麼幾點……您看還有其他需要補充的嗎？」、「您說的這條我也補充進去了，等一下我就發個 Email，通知專案組所有的相關同事。您看接下來我們就這樣進行工作好不好？」

還是那句話，事辦得硬一點，話不妨說得軟一點。當你把工作資訊高度公開化以後，雙方產生人際誤會的可能性就降到了最低；任何一方因為人際上的偏見或是誤解而影響工作的可能性也降到了最低。任何含糊不清的理由，都不能成為雙方推託合作的藉口了。

總結一下，同事跟你鬧彆扭，不願意配合工作的時候，你要先理順前因後果，澄清誤會，再主動公開工作資訊。這不僅是在表明你對過去的態度，同時也是在亮出未來的合作規則。如果可以完成這兩個動作，大多數誤會也就解開了。大家都是來工作，誰非得跟你過不去呢？

最後再補充一點。上面說的公開工作資訊，你跟鬧彆扭的同事溝通時可以做，平常工作中其實也可以做——想一想你最期待的工作配合方式，按 P.190 表 8-1 的格式填寫，然後把它放到你辦公軟體的簽名檔裡。這樣一來，你的這份「合作便條」就成了一塊小型告示牌，來來往往的同事都能看見。他們覺得你足夠敞開，彼此配合起來也會多一分理解和諒解。

另外，你要知道每個人都有自己的取向、偏好和風格。你

表 8-1　合作便條範本

我的對應方式	（比如，有事群組裡說，開會傳檔案）
我能提供的幫助	（比如，對應各個業務部的相關同事）
需要你提供的幫助	（比如，數據分析、銷售歸因）

認認真真寫一次，就是對自己的工作方式、是非取捨進行了一次排序。所以，也請你把填寫「合作便條」的過程，看作是你自我追問的過程。當你知道自己更看重什麼、更希望以何種方式工作時，你當然可以更好地與他人展開協作。

❷
同事推卸責任，
怎麼應對才能維護自己的利益？

如果要給職場上「討人厭」的行為排一下序的話，我知道有一項肯定排在「同事之間鬧彆扭」前面，那就是「推卸責任」：明明是大家提前商量好的，現在出了問題，他反過來說自己早就看出來了，全因為你扯後腿；明明是他的進度「拉垮」了，可他非但不補救、不道歉，還跑到主管那裡搧風點火說，項目沒能按時交付，原因主要在你身上……

跟這樣的同事合作，硬生生背下「黑鍋」，你一定特別生氣。但我想先安撫你——觀眾的眼睛是雪亮的。功勞在誰身上，簍子是誰捅出來的，明眼人其實都知道。你可能覺得主管「偏心」、「不分青紅皂白」，其實，他不見得真的不了解情況，而是要管的事情太多、滿腦子都是煩心事，又或者是你們單位的人際關係比較複雜，所以主管大部分時候不願意處理下屬之間瑣碎的矛盾，於是就裝糊塗糊弄過去。但他心裡應該很

清楚這個責任不在你，對你也不會有什麼實質性的處理，未來也不會為難你。要是這種情況，你不用急著到主管那裡鬧。先觀察一下，如果發現他確實不知情，再找機會澄清。

但我想提醒你，這次主管幫了你，但他每次都能幫你申冤嗎？不能吧！如果你不能捍衛自己的權益，不讓「背黑鍋」這件事再發生在自己身上，那麼在主管看來，你漸漸就成了一個不能獨立工作、總是給他製造複雜人際問題的人。

所以，跟有「推卸責任」習慣的同事合作時，有些溝通我們必須做在前面。這一方面是為了保護自己，不讓其他人有機可乘，另一方面也是為了讓主管知道，你是一個懂事的人、你能捍衛自己的權益，主動管理他對你的印象。

現在請設想一個工作場景：主管要你和小王一起合作完成某個項目，但你上次跟小王合作時就發現他做事不仔細，把一個關鍵數據填錯了，還在主管問責的時候張口就說：「我不知道具體是什麼情況，這件事我只有配合。」

公示法

你已經吃過一次啞巴虧了，一定不想再遇到這種情況了。那麼在合作之前，你可以先跟小王這樣說：「**接下來一段時間我們倆好好配合，一起把工作做好。之前我們合作的時候有些不順的地方，這次我想先理順一下，幫我們倆都提升效率。我**

的建議主要是兩點：第一，工作上有任何風險或者變動，我們都在群組裡同步，方便相關同事了解進度；第二，我們可以約定一個時間，時間到在群組裡回報進度。你看這樣好不好？」

你別看這段話很長，把它拆開來其實就兩層意思，分別是動態公示和日報同步。這樣說完，你和小王的主要溝通陣地變了——從兩個人一對一，變成在所有相關同事的眼睛底下溝通。我把這種溝通方法稱為**公示法**，下面就從動態公示和日報同步這兩方面來說說具體做法。

動態公示

動態公示很好理解，就是所有你跟同事當面確認過的工作訊息，還要在有協力廠商的情況下公布。

上一部分我們提到過，需要公布的關鍵資訊主要有四類：**場合**、**標準**、**時間**和**配合方式**。除此之外，我還想請你特別關注工作中的風險與變動——出現這兩樣東西的時候，往往是你最容易被「推卸責任」的時候。如果你沒有按照公示範本（P.194 表 8-2）中列舉的，把進度變動、分工變化、客戶提出的新需求等及時公布出來，那就沒人知道你和那個同事之間達成過什麼共識；出了問題，也沒人知道到底是誰的責任。

不是經常有這樣的情況嗎：客戶提了一個非常緊急的需求，要你和同事馬上處理。你倆著急忙面對面，開小會安排分工，然後一頭埋進自己的工作裡。其實這個時候你就該提醒自己了：除了你和這個同事，沒人知道客戶提了新需求；不出問題

表 8-2 項目公示範本

變動	目標變化	同步項目的一個變動：_____。
	人員變動	根據變動產生的調整：_____。
		具體分工為：_____。
	分工變化	請各位同仁知悉。
風險	上級和客戶提新需求	同步項目的一個風險：_____。
		經討論，解決方案是：_____。
	客戶投訴	具體分工為：_____。
	進度延誤	請各位同仁知悉。

還好，要是沒把需求承接好，出了問題你說責任算誰的？

　　所以，當你接收了新需求，也就是專案發生變動時，記得要說一句：**「我把這次小會議的紀要和分工同步到群組裡。」**寫幾行字的事，就能防患於未然，避免你和同事因為對會議上共識的理解不一致所造成的損失。

日報同步

　　但如果你的項目本身不是很複雜，或者你承接的只是整個項目裡的某個環節，沒什麼變動和風險要公布的，你依然有一個主動防守的手段——日報同步。把每天要做的事整理出來，同步到專案群組裡，將自己的工作過程透明化。毫不誇張地說，誰是那個發出時程和日報的人，誰就能掌握項目合作主動權。

　　這裡我強調一下：把「做了什麼」發出來還不夠，因為這樣的時程是給自己看的，而不是給項目群組裡的主管和同事看的。你要多做一步，就是把手上的工作分類，讓別人一眼能看出你工作的條理性。

　　我提供幾個分類同步日報的做法：你可以根據工作內容的性質來分。比如寫工作計畫，可以分成「主要工作」、「支援工作」、「待確認」等。再比如整理資料，可以分為「理論」、「資料」、「案例」等。你還可以按一項工作所要完成的階段或者步驟來分。以撰寫專案方案為例：收集資料是一個階段，拉綱要是一個階段，開會討論想法是一個階段，最後整理方案文件也是一個階段，要把它們區分開來。

你可以根據不同類型的任務，去想不同類型的分類方式，把進度明明白白地同步在群組裡。哪怕真有人想把責任推到你身上，拿出群組裡的時程截圖，到底是誰的問題一目了然；哪怕真要找主管澄清，你也是帶著證據去，而不是帶著情緒去。

3

同事不肯好好配合工作，怎麼辦？

最後一道關卡，我們來討論一位讀者面臨的問題，同時也是我們身邊常見的一種情形。這位讀者告訴我，他的工作表現不錯，主管有意提拔他，就讓他帶領一個大項目。做著做著，他發現跟專案組裡一名負責技術的同事合作特別費力，問他技術相關的問題，他總是避而不答。一次兩次還可以說是偶然，可十次裡有八九次都是顧左右而言他，是不是就有點針對性了？

—

劃定邊界法

如果你遇到過這種情況——同事軟硬不吃、油鹽不進、自始至終不配合你工作——那你的應對方式也應該反覆運算升級。下面就來看看能解決此類問題的**劃定邊界法**。

什麼意思？就是你先界定清楚雙方的工作範疇，然後告訴

同事：你們對各自的目標負責就行，不需要對對方的目標負責。我們就不談一加一大於二的團隊效果了，像這樣把合作要求降到最低，就是「劃定邊界」的字面意義。在此基礎上，要想讓這種方法真正發揮效果，你還要做好下面這三步。

第一步，引入決議人

你已經盡力降低要求了，但同事仍舊不予配合，這個時候，引入一位有責有權（特別是有人事任免權）的主管就成了當務之急——你的話他不願意聽，對他的主管總不會置之不理吧？

你可以跟決議人這樣說：**「主管，我想邀請您參加我們後天下午一點的會議，主要是跟大家討論接下來的工作計畫，把每個人具體的工作指標定下來，否則專案組工作不能很順利地進行。這件事很重要，請您務必來參加這次會議，也請您給我們的工作提建議。」**

不必擔心主管可能會拒絕你，不來參會。你的專案是他安排的，你的業績也是他的業績。只要你言之有據，他就沒理由不支持你。

第二步，共識核心指標

把直屬主管和專案組同事邀請到同個會議以後，第二步是在會議上共識核心指標，按約定節奏來追蹤指標的完成情況。

你心裡要很清楚，這場會議的首要議程是敲定落到項目組同事頭上的指標分別是什麼。比如，運營的點擊率不低於百分之幾、非公開宣傳每天要觸及多少人、技術要在什麼時間完成

什麼量級的程度、銷售要貢獻多少成單數等。總之，個人的責任自己負責。

會議的次要議程是共識工作節奏，比如以周或是以天為單位（根據專案實際情況自行決定）來確定同事各自的進度。你可以建一個臨時的任務群組或者 Email 群組，把主管和同事拉進去，請大家傳送自己當周或當日的工作進度，有問題也在群組裡提。像這樣以固定的頻率來呈現每個人的工作狀態，誰「拖進度」、誰先進，所有人都能看見。

剛開始的時候，你一定要帶頭提交你自己指標的完成情況，示範給大家看，也幫大家養成習慣。只要那個同事心裡稍微有點數，就知道這樣下去不行，大家都在看著；他自然會學著收斂一點，按自己在會議上的承諾推進任務，配合你工作。

第三步，匯總證據，向上級求助

但如果對方還是執迷不悟，那你就要準備好第三步了：匯總證據，向主管求助。主管雖然在項目群組裡，但他可能沒仔細看每個人任務的完成情況，也不清楚他們提交的資料意味著什麼、處於何種水準。而你作為專案帶頭人，有義務也有必要告訴主管，「健康」的指標長什麼樣，比如像這樣說：「**主管，我跟您匯報一下專案最近的進度。過去這兩周，各方面工作都還比較順利，完成度是……現在主要是小李負責那部分的資料沒達標，對比其他部門的進度是……情況，在行業內屬於……情況。我找他聊了幾次，效果不太好，進度還是沒趕上來。我現在**

不知道該怎麼辦了，想請您定奪，或者您能不能介入一下？」

不用擔心這樣說會讓主管覺得你在告狀。同事沒有好好配合工作，影響的不是你一個人，而是專案整體的進度。況且，你不是空口白話，而是有確鑿的證據——比如同事在會議上承諾的指標沒完成，再比如他沒按約定的節奏在群組裡同步進度。我相信只要是個正常的主管，聽你說完就知道是怎麼回事，也知道該怎麼做了。

主管可能會把這個同事移出項目團隊，這對你來說肯定大快人心。但如果他綜合考慮之後決定繼續留著這個同事，那你也不用擔心；要麼他會出面幫你解決眼下的問題，要麼他心裡很清楚，專案工作如有損失，責任不在你。

只要能把責任釐清，這次你發起的溝通就不算白費。

沒錯，即使面對那些始終不配合工作的同事，也還是有解決的辦法。我把上面說的辦法匯總到了 P.202 表 8-3 裡，標題用「記帳」二字，是想提醒你把合作期間對方不作為的證據記錄下來。萬一產生糾紛，你也能做到有據可依。

【練習】
怎麼跟不配合你的同事合作？

假設主管讓你帶頭部門「雙十一」的行銷活動，並讓

一名運營同事幫你整理運營文案和資源。但你很快發現，只要主管一轉身，這個同事的態度就一百八十度大轉彎，不僅不做事，還故意挑剔說你做的行銷方案有問題，所以他的運營資源跟不上。碰上這樣的隊友，該怎麼應對呢？

我們按記帳要點清單，一步一步來。先嘗試主動溝通，傳則訊息給他：「部門第四季的業績全靠這次活動了，我們一起把行銷做好，做出點成績來吧。你是運營專家，這方面你多使把勁啊！」

你可能覺得沒必要這麼說，反正對方也不會配合。但請別忘了，主管給你配備人手，一方面是幫你做事，另一方面也是想考察你能不能團結這些同事、跟他們合作。所以，不管對方表現如何，你都應該把態度和誠意擺出來。萬一最後兩個人的關係鬧得很僵，你也有證據證明你試圖集結他的力量，共同努力，從而保護你自己。

下一步，就要邀請主管參加你們這個項目的會議，可以這樣說：「主管，近期我想召集一個『雙十一』合作共識會議，跟大家討論接下來的工作安排。您這麼關心這次大促銷活動，我一定得請您來參加，多給我們提提意見。」

當著主管的面，這場會議重點要討論同事們各自負責多少指標，並就後續的工作節奏跟所有人達成共識：「這場行銷活動時間緊湊、任務重，為了更好地達成我們的目

標，我們今天來討論一下每個人負責的指標。距離活動剩不到一個月的時間了，我建議我們以天為單位，每天下班前在群組裡發出當日指標的完成情況。大家覺得怎麼樣？」

在達成共識的當天，我們就以身作則，率先把自己指標的完成情況傳到群組裡：「小張 10 月 17 日工作同步報告：今日非公開運營觸達 1000+ 人；收集到 23 條針對現有行銷方案的回饋，重點要調整……優化 17 條優惠規則，主要有……」。等大家同步得差不多了，你作為帶頭人，要主動整理當日的全部資料，最好以表格截圖的形式傳到群組裡。這樣一來，「誰沒報告了」、「誰緊跟著大家」，都能看得一清二楚。

如果那個不配合的同事懸崖勒馬，我們就繼續好好合作；但如果他依舊無動於衷，你就該拿著證據去求助主管了：「有個問題我得跟您匯報一下。這是我統計的專案進度表，前面幾塊沒有太大問題，都是按照預期走的；但這個標紅的指標一直沒有明顯進展。我核對了（旁邊展示的）業內平均數據，差距有點大。我也跟負責這項工作的小李談了幾次，但效果甚微。想請您看看接下來該怎麼做？」

你要對自己的主管有信心，話都說到這個程度了，他絕對不會袖手旁觀的。畢竟這也是他自己的業績。

表 8-3　記帳要點清單

「回頭是岸」期	● 主動溝通，發起合作。
	● 主動向其請教資訊、指標和資料，所有交流留紀錄。
「臥薪嘗膽」期	● 請主管作為會議決議人，共識專案組的核心指標。
	● 把指標拆分到人頭上，約定公開同步指標的頻率。
	● 帶頭公開自己的指標，同事公開後，主動統計當天指標的完成情況，總結成表格後在群組內公佈，並請相關同事確認。
	● 對於沒達標的同事，在工作群組裡詢問原因以及後續的補救措施。
「秋後算帳」期	● 匯總該同事所有指標，標記未達成標準的部分，旁邊附上正常進度或者行業平均水準的指標作為對比。
	● 向主管求助，向他請教該如何處理此類問題。

◆ 花姐幫你畫重點 ◆

我認為職場有一項基本原則：我可以接受你不喜歡我，但我絕不接受你對我不尊重。無論是推工作、推卸責任，還是鬧彆扭，都是不尊重同事專業性的表現。我們在不接受的同時，也要想辦法主動防守。

這個關卡介紹的溝通方法，都是你可以用來自我保護的「防身術」——

如果有同事和你起了衝突，影響了工作，你應該先拋開過去，主動撕掉負面標籤，再開啟未來，亮出你對過去的態度，也亮出未來的合作規則。

如果有同事愛「推工作」，事後推卸責任，你應該事先明確你們的合作方式，並及時在公開場合同步工作中的風險和變動。

如果你特別倒楣，碰到那種怎麼都不配合的同事，你應該共識指標，匯總證據，關鍵時刻請主管從組織的角度加以干預。

看到了嗎？保護自己的方法說來也不難，就是**明確規則、劃清界限**。做好這兩個動作，不管對方怎麼出招，你都能以不變應萬變。別怕，他們傷害不了你的。

我的行動方案

學而時習之，請在這裡記錄你的思考和改變

我決定做出一個改變：

我用新方法解決了一個問題：

我的感受：

WELL DONE

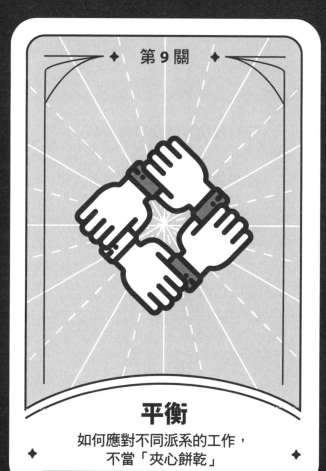

第 9 關

平衡

如何應對不同派系的工作，
不當「夾心餅乾」

◆ 關　卡 ◆

非直屬主管要我替他辦事，
怎麼接？

誰都能對我的方案提意見，
怎麼辦？

客戶安排了額外的工作給我，
怎麼辦？

◆ 道　具 ◆

統一戰線法｜場域法｜共識回覆法

經常有讀者向我抱怨：單位裡好像誰都能指派工作給他。一個下午的時間，主管安排他寫檢討報告；早他工作兩三年的前輩要他幫忙整理資料，而且好好地坐在位置上不工作；人資同事又走過來跟他說，員工培訓馬上開始，抓緊時間去會議室……

這麼多事堆到一塊，肯定忙不過來，但他又不知該怎麼拒絕，所以常常手上在做，心裡在想：要是只有一個人專門給我分配任務就好了，我至少分得清哪些工作是優先的，哪些可以稍後處理。

這個心願能實現嗎？我認為很難。日常真實工作中的協作機制，決定了你會不得不接收來自四面八方的指令。大主管讓你跑個銷售資料，總不能以「我在忙我直屬主管交辦的任務，你的工作我接不了」為由拒之不理吧？同事針對你寫的策劃方案提出意見，總不能丟下一句：「我以主管說的為準，其他意見概不接受」吧？

這類問題的解法其實不在於讓誰來交辦工作，而在於自己如何有效地管理任務。所以在這個關卡，我會講解三類常見的任務管理問題，分別是「怎麼處理非直屬主管給你安排的任務」、「怎麼處理同事給你提的意見」、「怎麼處理客戶額外給你安排的任務」。我希望這三類問題下的溝通方法，能讓你自如應對不同人派發的任務，不會在你身上發生吃力不討好、兩面不是人的情況。

非直屬主管要我替他辦事，怎麼接？

對於第一類問題，你可能覺得，幫非直屬主管辦點事很正常——主管要我做我就做吧！但我想帶你到真實場景中，看一名讀者遇到的兩難處境。

這名讀者的直屬主管在部門裡是副職。一次，部門的正職主管要他去外地開會。但他剛到會議現場就接到了直屬主管的電話，叫他下午去交一份工作資料。這名讀者表現得很為難，說大主管要我到外地開會，現在不在公司。對方聽完立刻質問：「怎麼不提前跟我說你去開會了？這個工作延誤算誰的？」

這個讀者就在心裡抱怨：大主管也是你的主管，他安排我去，我能不去嗎？但他反過來又想：直屬主管的反應不無道理。只是我們總不能說：「你最好在指派工作之前先問問我有沒有幫大主管做事」吧？

乍看起來，這個問題是無法解決了，我們這個讀者馬上就要「裡外不是人」了。其實不然，如果你也跟這名讀者一樣，同時接到了兩個甚至更多個任務，可以這樣溝通來平衡工作——先回應那個「越級指揮」的大主管：**「收到。我現在立刻整理一下手上的工作，重新梳理下午的工作安排，五分鐘之後跟您同步資訊。」**再趕緊去找直屬主管：**「我用一分鐘時間跟您同步一件事。剛才 ×× 主管要我下午去外地幫他開會，但我今天下午原本有 ×× 工作，如果去開這個會的話，我的**

工作進度可能會耽誤。我有點不確定該怎麼安排，想跟您請教一下，我下午的工作怎麼排比較好？」

　　在態度上，你第一時間告訴了直屬主管，對他表現得很尊重。在方法上，你讓直屬主管幫忙出謀劃策，相當於把球傳給了他——去開會還是不去？去了之後，原定的工作怎麼辦？不去的話，該怎麼跟大主管解釋？……這些都不是你一個人的事了，而是你們倆要共同面對的。無論如何，前面那種「你沒做他安排的工作，所以他對你很不滿」的情況肯定不會發生了，因為你要怎麼做，都是他自己定的。

一

統一戰線法

　　在兩個主管同時交辦任務的情況下，我們很容易忽視一個事實：直屬主管才是那個給你的工作績效打分數的人，在你晉升或者被提拔的時候，他才是那個給主要意見的人。很多人其實是在溝通中忽略了自己直屬主管的感受，才變成「夾心餅乾」。

　　所以，無論什麼時候，不管是誰指派工作給你，都應該及時與直屬主管同步。這叫**統一戰線法**。要想用好它，你只需記住兩個關鍵動作。

第一，積極回應，但不承諾

　　安排任務給你的人即便不是主管，很高機率也是你單位裡

的前輩。我們得有人緣，別一開始就說做不了，該有的尊重和禮貌要先做到。

但禮貌和尊重不等於你要滿口答應。畢竟，這個工作能做還是不能做，你自己說了還不算。在表現積極態度的同時，不過度承諾的回應方式是這樣的：「**收到。我馬上回去安排一下手裡的工作，稍後回覆。**」

第二，同步直屬主管，提出請教

回頭看前面那個被批評的讀者：你覺得他的直屬主管不高興，真的是因為要交的資料沒辦法做嗎？很可能不是。主管問的其實是：作為下屬，你怎麼沒經過我同意，擅自做了決定？

這位讀者的直屬主管可能是這樣想的：「大主管要你去開會，你就去，都不跟我說一聲。到底誰給你打績效，誰是你直屬主管？」要是碰到那種心胸狹窄一點的主管，那他心裡應該正在上演一齣大戲：你這是在故意巴結大主管，你的眼裡已經沒有他了。

所以，為了避免這種情況，你一定要把別人給你工作的訊息即時同步給直屬主管，請他幫你做決定：「**主管，我趕緊跟您報告一下，大主管剛剛給我安排了 ×× 任務。原本這個時間我要交付 ×× 結果。如果接受這個新任務，原定的工作可能會耽誤。我有點不確定工作的優先順序，想跟您請教一下，我接下來該怎麼做？**」

你可以換位思考一下：如果你是主管，下屬尊重你，沒有

隱瞞事情，還讓你來做決定，你心裡是不是也挺舒服的？所以，像這樣把資訊即時同步給主管，可以防止他因為資訊不對稱而感到失落和猜忌。

如果直屬主管說「可以」，那這件事情就簡單了。回頭你只要安排一下手頭的工作，先替大主管把工作做完。但如果他認為你原本的工作更重要，要你別去了，你還是可以請直屬主管幫忙：「您覺得是您去回覆（大主管）還是我去回覆更合適？」

請注意，這種情形之下，他就能幫你推掉一些本不該由你來做的事情。

為了加深你對這部分內容的印象，我總結了一張避險清單（P.212 表 9-1）。當你使用統一戰線法時，對照這張清單，看看可以怎麼回應、避免怎麼回應，讓自己和直屬主管之間的資訊盡可能保持一致。

2
誰都能對我的方案提意見，怎麼辦？

接任務時會遇到的大小問題，剛才我們已經釐清楚了。但進入執行階段，你還會碰到一類難題：任何人都來給你提意見，你不知道該聽誰的，也不知道該怎麼進行。

這種「眾聲喧嘩」的場面，職場上是不是特別常見？比如，你要幫公司的官方帳號寫一篇活動新聞稿。帶你的前輩告訴

表 9-1   積極回應避險清單

⊗ 不能說	⊘ 可以說
對不起，我的工作已經很飽和了，不能幫您。	收到，我現在回去整理一下手裡的工作，稍後跟您同步。
不好意思，這個工作不在我的職責範圍內。	收到，稍等一下，我把手頭的工作收收尾，然後馬上找您詢問具體資訊。
抱歉，我手裡有個優先順序特別高的事情需要在今天完成，這工作我做不了。	收到，我回去馬上排一下工作的優先順序，跟您即時同步。
好的主管，我先跟 ×××（直屬主管）說一聲，您等我消息。	好的，我想請問一下這個任務的標準和交付時間，我安排一下後續的工作日程，再跟您同步資訊。

你，語言要真實，能說故事就說故事。寫到一半，主管特意來叮囑，主題要高大上，符合公司的宏偉願景。好不容易寫完，大主管審核內容，說你這種寫法完全是在自嗨，不了解情況的讀者根本看不懂⋯⋯好像主管們想要那種「五彩斑斕的黑」（很奇怪的要求），但你東改西改，怎麼改都實現不了，最後只好擺爛，誰也不聽，拖到這篇稿子不得不上線的時候⋯⋯。

首先必須說一句，反覆修改，一直沒標準，確實很討厭。不僅工作做起來累，還沒成就感。在這一點上，我特別能理解你的感受。

但我想提醒你，越是這個時候，你自己的狀態就越該積極主動，千萬不要覺得最後能靠擺爛糊弄過去——只要這個工作做得不漂亮，責任最終還是你的。

提意見的人只是在提意見，他們又不會幫你承擔責任。而且，我必須把我在這個場景了解到的一個典型錯誤指出來：為了省事，用大主管的話去壓其他人。

我有一個做策劃的讀者，要幫公司的周年慶策劃活動，公司上上下下都很重視。每次他把策劃方案傳到工作群組裡，都會收到很多回饋。大家的想法當然也不一樣，要是提一次改一次，方案到時間點出不來，活動根本沒辦法辦。

於是，這名讀者想了個辦法：他跳過在群組裡七嘴八舌提意見的人，直接把方案傳給了大主管，請他決定。這個辦法確實很快見效：大主管提了幾處修改意見後，方案基本定下來了。緊接著，他把活動方案傳到工作群組裡，附上了一句話：「大

主管同意按照這版方案進行宣傳，請相關同事知悉，按照方案持續推進。謝謝各位。」

主管都確認了，這則訊息下面自然沒人說話，讓這個讀者煩惱的問題似乎解決了。但沒過幾天，他發現很多同事對他的態度急轉直下，原本見面還能點個頭，現在連眼都不看一下。他覺得很委屈：「我提前問了大主管，讓這件事的推進變得簡單，有什麼錯呢？」

————

這名讀者想要推進工作的初衷肯定是好的，但你也看到了，他用大主管的話讓同事「集體閉嘴」後，大家對他愛搭不理，也不願意配合他工作，一個可能影響進度的新麻煩又來了。那麼工作時人人都能來提意見的問題，有沒有解決方案呢？

—

場域法

我給你一個思考方向。你要主動構建一個環境，讓大家一次把意見說明白。

我把這個方法稱為**場域法**，分成兩步。

第一步，在特定、公開的場域收集意見

過去，你是被動地應付別人提的意見，但現在不是了——你可以約一個會議，把你能想到的與此相關的同事都請來，有

什麼想法會議上一起說。你也可以在日常工作群組之外新建一個專案群組，把相關同事拉進來，和大家在裡面討論工作。

很多時候，同事們的說法雖不一樣，表達的卻是同一個意思。過去你覺得應付不了，是因為大家東一個西一個地講，意見到你那裡都「爆倉」了。但現在，如果所有人都在一個規定好的場域裡，他們可能就會接著別人提的意見往下說：「對，我跟 ××× 想得基本上一樣，我只有一點補充……」

創造一個場域，其實是在約束同事們提意見的過程和心態。說白了，大家都在一個會議上／群組裡，都在處理同一件事，不是應該相互照應嗎？

第一人提了意見，第二人開口前是不是也得稍微思考一下？如果第一人讓第二人先說，那第二人是不是也得想想，要不要給第一人留個餘地？如果第一、二人都提了意見，你的直屬主管是不是得斟酌一下，他還要提意見嗎？還是趕緊去落實？

這就比大家一個個在私下裡提意見高效得多。因為大家會互相看著，避免提重複的意見。回到剛才的場景，如果你是那個做活動策劃的讀者，就可以開誠布公地發起會議邀請：「**各位主管，這次周年慶活動的初版方案由我來負責。方案已經提出來了，有一些不確定的地方，想請教各位主管的意見。看了一下各位主管的排程，周四下午 3 點，約 30 分鐘的時間，請各位主管在會上提提意見，可以嗎？**」

你作為會議發起人，在會議上不僅要收集大家的意見，最後還應該把意見收尾起來：「**感謝主管們的意見，給了我非**

常大的啟發。我做了會議紀要，稍後我會把各位的意見匯總一下，以紀要的方式傳到群組裡。主管們確認無誤之後，我們就按照新的做法開始執行了。」

這個收尾的動作，會把所有人從七嘴八舌提意見的狀態，快速帶到「馬上要按新方案執行了」的狀態裡。等你到了管理者的職業生涯階段，你就會知道，這個動作是非常有意義的，相當於在一群人裡率先確認做事的節奏。誰是「節奏大師」，誰就有主管力。所以，你完全可以在現在這個階段操練起來。

第二步，在特定、公開的場域，推進新方案

為什麼還會有這一步？你懂的，即便你主動出擊，按收集來的意見修改了方案，這版方案也不太可能一輪就過，對吧？所以，先做好要反覆確認的準備，告訴自己這可能是場持久戰，再跟大家同步新方案。

你可以把新方案傳到專案群組裡，也可以繼續用會議的形式來匯報方案，比如這樣說：「這是根據主管們上次的意見修改過的新方案。請注意，×× 方面基於大家的意見，做了較大調整。我想約各位主管 20 分鐘的時間，做一下匯報。」看到這裡，你應該明白了，場域法不外乎是重複兩個步驟，直至方案完全拍板。而它最大的好處在於，任務的進程完全掌握在你自己手裡，什麼時候召集大家討論，什麼時候匯報新方案，都由你來決定。

當你可以把大家的意見都管理匯總起來的時候，你就不會

吃沒完沒了改方案的虧了。

3
客戶安排了額外的工作給我，怎麼辦？

前面討論的都是組織內部的情況，但你可能忍不住想說：指派工作給我、提意見的可不光是主管，還有客戶呢！總有客戶想讓我在非工作時間替他辦事，也總有客戶想要我給他一些合約以外的資源。

處理這些問題似乎要棘手得多。如果直接拒絕，怕會得罪客戶。但如果答應，不僅工作量劇增，萬一做不到，客戶覺得你在玩弄他，還會更生氣。而且，這個時候找主管抱怨，對方不清楚前情提要，給的回覆常常是「以服務客戶為優先」，你也很難從他那裡得到支持。

但別著急，這道題並不是無解的，甚至它的解法跟前面說的還有些相似。我們就以「客戶想讓你在非工作時間替他工作」為例，來說說你的應對方式。你可以先回覆客戶：「**王總，我了解您希望我們周六、周日也能像上班日一樣，給您提供人員上的支持和技術上的幫助。我現在就把您的想法上報給我的主管，我們內部討論一下，怎麼提供支援能更好地配合您的工作。您稍等，24 小時之內我給您一個答覆，好嗎？**」

一
共識回覆法

跟客戶表態完之後，你就該去找主管了，但不是跟他抱怨，而是這樣說：「**主管，我給您報告一件事。王總希望我們週末也能提供正常的資源支持。我快速擬了一個服務方案，做了一點分析。如果我們同意，可能會產生 ×× 成本，而如果我們拒絕，可能會有 ×× 風險。您覺得我們怎麼回覆客戶比較合適？**」此處我們用的是 **共識回覆法**。它跟統一戰線法的相似之處，你應該已經覺察到了：都要積極回應，但不承諾。這能為你爭取一些時間，讓你有機會在單位內部協調，從而把自己從客戶和單位之間「夾心餅乾」的處境中解救出來。除此之外，共識回覆法還有兩個技術細節，我再強調一下。

第一，主管做決定，方案講利弊

對於這一點，你可能有疑問：客戶安排額外的任務，有時你一咬牙、一跺腳，還是能接下來的。為什麼非得上交主管，讓他來做決定呢？

我講一個實際發生在我讀者身上的真實案例。

他是一名大客戶銷售，為了維護客戶關係，經常會答應客戶提的一些要求。剛開始還好，因為他能力比較強，自己把事都包辦了。但後來有一次，客戶的要求實在是強人所難，結果我們這個讀者就沒做成。

誰知道客戶轉身投訴他，當他的主管得知此事後，表現得非常生氣：「為什麼不上報，為什麼要犧牲公司的利益去滿足客戶的無理要求？」他覺得特別委屈，認為自己是為了保住客戶才付出這麼多的，結果不被感激，反而被指責。

你覺得問題出在哪裡？

首先必須承認，維護客戶很重要，這位元老級讀者有維護客戶的意識，這一點也非常好。問題其實出在了維護客戶的方式上，因為他在承接客戶的工作的同時，忽略了一個事實：他這個人是公司雇來的，而不是客戶雇來的，給他提供薪水、獎金的是他的公司，而不是他的客戶。他的時間、他的精力，其實是公司的資源。

換句話說，要不要花時間、精力去滿足客戶提出的額外需求，不是他一個人能決定的。作為在公司和客戶中間的那個人，超出自己職責範圍的事不擅自做主，而是讓主管出於整體利益角度去衡量利弊、做決定——這才是真正專業的做法。

至此，你應該理解「主管做決定，方案講利弊」的內涵了吧？為了讓主管儘快做出決策，你可以提前想一想同意或是不同意客戶要求的後果，比如：**「主管，我向您報告一件事。有個客戶提了一個新需求，需要我們做 ××。我快速分析了他的需求，我們如果同意去做，接下來要⋯⋯如果不同意去做，可能會⋯⋯在這兩種情況下，您覺得我們怎麼處理比較好？」**

這樣說，不到五分鐘就能把方案的利弊講清楚，你們內部對於這件事也先有了共識。再去推進的時候，肯定不會出大錯。

這是第一個技術細節。第二個細節，你要跟主管共識回覆的方式。

第二，和主管達成共識再回覆

　　主管做完決策後，如果告訴你可以答應客戶的需求，那你只要把回覆客戶的話跟主管確認一下就可以了：**「好的，主管，您看我這樣回覆客戶合適不合適……」**

　　你代表單位回覆客戶，客戶會覺得你們的決策很慎重。同時，因為這是基於全域考慮而做出的決策，執行過程中萬一有什麼問題，你可以第一時間向主管請求支援，而不是一個人一味地付出。但如果主管認為客戶的需求不合理，不能答應，那你可以問問他：**「了解，我也覺得客戶的需求確實超出了範圍。但是這是位老客戶，我一個人去說，客戶恐怕很難接受。您看這樣可以嗎，我先回覆他、擋一擋。我回覆完以後，您再去跟他說兩句，打個圓場，好嗎？」**

　　你看得出這是在做什麼嗎？拒絕客戶的訴求，無疑是一項艱難的溝通。所以，你最好可以要求主管出面，讓他替你說話，幫你把這個問題解決得更好。我們就別在客戶那裡孤軍奮戰了，最後問題解決不好，客戶不滿意，還是我們的責任。

　　不過，想讓主管替你走這麼一遭，你就應該讓他知道，他什麼事都不用操心，比如像這樣說：「我提前幫您把資料、回覆話術整理好。您只要出面露個臉就可以，其他事情我來解決。」

都是單位的事，況且你已經鋪了 99％了，主管肯定願意替你走最後這 1％，這樣你就創造了一個客戶、主管和你單獨溝通的機會。雖然客戶的需求沒同意，但你們的關係可能因為這次溝通更緊密了。無論如何，這件事在你這個層面就完成了。

【練習】
我不想幫客戶收拾爛攤子，
但又怕影響合作，怎麼辦？

我知道有很多人為了維護客戶關係，可以說是費盡心力。因為我聽一位讀者提過：他曾幫客戶解決了一個失誤，這個客戶覺得他能幹，什麼事都找他，什麼樣的爛攤子都交給他來處理。雖然客戶每次都說：「這是最後一次了。」但總是還有下一次。

出現這種問題時，按我們前面說的，別光想著往自己身上攬，該求助求助，該請教請教。我們沒做兩份工、領兩份錢，千萬別操兩份心。

如果你遇過類似的情況，那麼當客戶找到你時，其實可以說：「收到，我理解您的需求是讓我們幫您善後。我現在沒辦法立刻給您一個準確的答覆，但我回去之後，一定馬上跟主管報告，看看怎麼更好地回應您的需求。請稍

作等待，我明天下午 3 點前一定答覆您。」

然後你就可以找主管反映情況了：「我們之前幫 ×× 客戶解決了 ×× 問題，他今天再次提出了 ×× 需求。如果我們同意，維護客戶的成本會變高，客戶也有可能持續提出這樣的要求。但如果我們拒絕他，又有可能會影響我們後續的合作。我覺得自己平衡不了其中的利益關係，想請教您一下，接下來該怎麼做？」

如果是幫客戶收拾爛攤子這種事，主管大概會告訴你，不同意也沒關係。那你可以接著問他：「了解，客戶的需求確實超出了我們的服務範圍。但是我們跟這個客戶合作很長時間了，之前我們也答應過他類似的要求。如果這次只是我出面去拒絕他，他可能會很難接受。但我相信，如果您出面，他看在您的面子上，不會多說什麼。您看這樣可以嗎，我把資料整理好，您回覆的話術我也準備好，您能出面回應一下客戶嗎？」還是那句話，99％都是你自己走的，最後這 1％，主管沒道理不完成。

跟客戶打交道這件事情上，我最想強調的一點是：**我們是為了單位才應對客戶，而不是為了客戶才留在單位，我們跟單位才是在同一陣線的。** 明確自己的工作立場，在客戶提出額外要求時及時回報，讓主管知道完整的情況，那你就不太會變成夾在公司和客戶之間的那塊「餅乾」。

　　這一關牽涉到多個不同的利益群體，難度係數比較大。但我們知道，面對不同人下的指令時，不可能有一種應對方式叫擺爛、叫自暴自棄、叫「你們都給我閉嘴」。越是這種情況，越要主動發起溝通，平衡不同人之間的關係，盡可能讓自己在一個單純、透明的環境裡做事。

　　比如，接到非直屬主管派發的任務時，我們要主動打理好直屬主管，第一時間跟他同步資訊，這是統一戰線法。

　　再比如，方案執行過程中總有人來提意見，遇到這種情況時，我們可以創造一個特定的環境，在一個固定的時間收集、處理意見。這個場域法能幫我們省下很多時間。

　　還比如，客戶給我們安排了額外的工作，沒關係，用上共識回覆法，找自己的主管一起去做決策，去回覆客戶。

　　透過這些方法，我們就能把自己遇到的挑戰，轉變為可以跟其他人去商量、去討教的機會。請相信，以你的聰明才智，最終一定能找到解決問題的最佳辦法。

我的行動方案
學而時習之，請在這裡記錄你的思考和改變

我決定做出一個改變：

我用新方法解決了一個問題：

我的感受：

WELL DONE

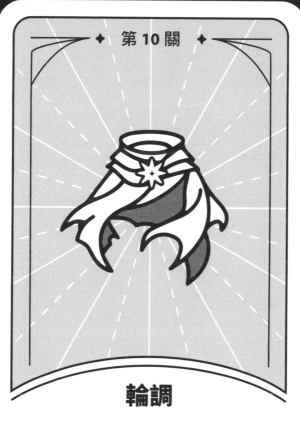

第 10 關

輪調

如何積極輪調，證明你適應能力強

✦ 關 卡 ✦

主管突然叫我去輪調，
怎麼辦？

輪調前，
怎麼交接好工作？

怎麼和新主管
建立聯繫？

_____

✦ 道 具 ✦

主動迎戰法｜前後延伸法｜橫向入職法

這是我為你設計的「職場闖關之旅」最後一道關卡，想跟你聊聊一項有點特別的制度——輪調。

很多公司把輪調作為對優秀員工的一種獎勵，這背後的邏輯是：你在原崗位做得不錯，有潛力，所以我安排你去其他崗位接觸不同的業務，讓你有更全面的工作體驗和視野，這對你未來的晉升也是一種利多。

但員工眼中的輪調可不是這樣的——大部分員工都是在毫無準備的情況下被叫到辦公室，被通知要去一個陌生單位工作。對他們來說，輪調與其說是獎勵，不如說是懲罰，「我怎麼被踢到了一個跟我工作毫無關係的部門，我是不是要被邊緣化了？」

或許是這種「被邊緣化」的心態作祟，我看過一則資料，七成以上的優秀員工在新崗位上的績效表現要比之前差。很多人寧願在原崗位等待，也不願意「被輪調」。

但切換到組織的視角，你應該可以想像主管們的「恨鐵不成鋼」吧！「態度這麼不積極，我還怎麼相信你能帶團隊、管項目呢？」

組織和員工之間天然的視角差異，決定了這是一道艱難的關卡。但即便有很多人會敗下陣來，我相信還是有那麼一小部分人——他們被要求輪調時，不僅適應週期短，進入狀態快，還能帶著充足的資源去做事。所以這一關我要帶你看看，他們的哪些做法能為你所用。

❶

主管突然叫我去輪調，怎麼辦？

一

主動迎戰法

剛才提到，很多員工接到輪調通知後的第一反應是閃躲：「我做得這麼好，負責的專案馬上就要結案了，憑什麼把我調走？」除此之外，我發現的另一個極端心態是「手臂無法和大腿相比，什麼也不想說了，我們就去吧」。就這麼聽天由命地到了新崗位，一切從零開始，工作難度可想而知。

其實，無論是「閃躲」還是「躺平」的員工，都忘了一件事，那就是先跟主管聊聊，把自己被派去輪調的原因搞清楚。

主管這麼做，有可能是要培養你，未來好提拔你，也有可能是新部門那裡出了問題，覺得你很不錯，讓你去救火。如果你連這些最基本的資訊都不知道，就糊塗答應，那你以後肯定會責怪自己，「我當時實在太被動了」。

所以，面對突如其來的輪調安排，怎樣才能化被動為主動呢？我用**主動迎戰法**為你總結了兩個技術要領：

第一，為自己爭取時間

第一，為自己爭取一點時間，提高準備完成度。你可以這樣說：「主管，我知道這個輪調的機會很難得，我必須認真想想，您也讓我跟家人商量一下。您看這樣如何？明天我帶著我

對這個新崗位的問題和考量來向您報告，也跟您請教。」

像輪調這樣的事，通常對方是不會「逼」你當場表態的。那麼，無論你爭取到了兩三個小時，還是兩三天，都可以用來做一些準備工作。

比如，動用你在單位裡的人脈，去了解新崗位的情況；再比如，跟家人通個電話商量商量。等回來的時候，你就成了這場溝通的發起者，你的心態也就沒那麼被動了。

第二，為自己爭取資源

在此基礎上你要知道，這場溝通應該有個核心目標——為自己爭取一些資源，便於你未來開展工作。這是主動迎戰法的第二個技術要領。都說「融入新部門很難」、「在新崗位的績效沒那麼好」，諸如此類，那我們有沒有可能從前主管那裡要點「嫁妝」，讓自己在新崗位上更有底氣呢？

我給你一個思考方向。你可以讓前主管帶你去新部門認識一下新主管，請他囑咐兩句，像這樣說就可以了：「**主管，我相信您對我的安排都是為了鍛煉我，我也特別願意接受鍛煉。這次我去新崗位的時候，您能不能幫我壯壯膽，帶我去認識一下新部門的主管呀？**」

這對於他來說只是舉手之勞，對你來說卻是應該把握的資源。你的前主管在，那你的新主管無論如何都會表現得認真一點——至少第一次見面他肯定認真對待。你們雙方是不是就有相互建立信任的基礎了呢？

我總結了你可以為輪調爭取的資源，除了剛才說的，還包括以下幾種：

- 請主管介紹新崗位的重要人物。
- 請主管去新崗位看你，支援你未來的工作。
- 請主管給你跨部門合作的機會。

了解哪些資源有利於開展工作以後，你就可以發起溝通了，**「主管，我沒有相關性質的工作經驗，能不能請您提示，我可以請教誰？」**或者**「未來我能不能每個月跟約您一個時間，向您匯報新的工作進展和自己的一點想法？」**

在這個時間點，你對於輪調有什麼顧慮，都可以跟主管敞開來談。你可以這麼想：談了雖然不一定能解決，但如果不談，就一定沒有解決方案。有這種基礎心態，再去做準備、去爭取資源，輪調對你來說或許就不會那麼難了。

2
輪調前，怎麼交接好工作？

我們再來看輪調前一個很容易被忽視的問題：工作交接。它看起來只是流程性的事務——填張表，簽個字，走一下過場就可以了，後續再要有問題，那都是「繼任者」的事。但接下來這位讀者的經歷告訴你，沒做好交接，很多麻煩會像迴旋鏢

一樣，重新回到你手裡。

　　這位讀者被調到其他部門工作以後，離原部門比較遠，不太方便教那個接手他工作的同事做事。於是那個同事就以「之前沒做過」、「還沒上手」為由請很多人幫他，搞得部門裡的同事很有意見，覺得都是因為這位讀者不負責任，沒交接好。

一

前後延伸法

　　喜歡在野外露營的朋友應該知道一個規則——「維護營地，你離開的時候要復原」。一個崗位，就相當於我們職業生涯裡的某塊營地，我們也應該遵守一個類似的規則，叫作「離開崗位之前，把工作整理得跟你之前做的時候一樣」。這樣不僅接手你工作的同事可以輕鬆上手，你離開「營地」去到新崗位以後，口碑也會很好。而這就要求你在輪調前後適當地「延伸」一下自己的責任範疇，我稱之為**前後延伸法**。

　　其中「前延伸」說的是，平常你就應該有整理工作文件、工作關係的意識，把這些工作做在前面。「後延伸」是，你要有扶繼任者上馬，再送一程的精神，而不是交接完就撒手。

　　如果你平常有收集工作檔案和資訊，給工作分類的習慣，那麼「前延伸」對你來說應該不難——拿出你整整齊齊、漂漂亮亮的工作文件，就可以發起溝通了：**「主管，我為這次交接整理了一個資料夾，裡面的檔案都已經分好類了，還有目錄和**

超連結，查找很方便。小王拿到這些檔案，應該就清楚這個崗位的各方面是怎麼回事。我預計一個下午就能跟他把資料夾裡的內容交代清楚。您看還有別的指示嗎？」

這是工作檔案的交接，但還有一樣東西你之前可能沒寫進檔案裡，那就是工作關係——你這個職位都要向哪些主管匯報，跟哪些同事以及客戶打交道，也是你在「前延伸」時要交代清楚的。

我為你準備了一張工作關係清單（P.233 表 10-1），在上面填寫了一些資訊作為示範。你可以花點時間，照著這張表梳理一遍自己在原崗位的位置。雖說表格上的很多人都是你的老同事了，但等你到新崗位以後，很多以前的關係不常維護，那可真是說沒有就沒有了。所以，這個步驟也不光是為了交接工作，還是為了讓你跟那些高價值的人際關係持續產生互動。

如果時間允許，我覺得最周到的做法是在你離原崗位前，帶著繼任者拜訪一輪清單上那些重要的關係。比如，對於穩定合作的客戶，拜訪時你可以這樣說：「張總，跟您這兩年的合作特別愉快，我學到了很多東西，您也見證了我的成長。現在有個機會，我們單位讓我去新部門鍛煉，未來肯定還要請您多多指導。公司這次也是精挑細選，安排小王來負責跟您對接，這位年輕人比我優秀，您有什麼需求都可以跟小王說。而且我跟小王說好了，您這邊的需求，如果他做不到，隨時找我，一定會搞定。」

我為什麼建議你去做一輪拜訪呢？因為我在工作中經常看

表 10-1 工作關係清單（範例）

工作關係	聯絡人	角色	聯絡注意事項	聯絡方式
上級關係	趙總	直屬主管	趙總更喜歡面談	
	陳總	跨部門主管	陳總的會一般安排在上午	
平行關係	小李	部門同事	小李住得離公司近，週末有急事可以問他	
	小張	跨部門同事	小張每週四下午和晚上有直播，開會要避開這個時間	
客戶關係	張總	大客戶	張總每週只在北京待兩天	
	王總	新聯繫客戶	王總跟我們有4小時時差	

見那種「明明交接完了，但交接不出去」的情況。這可能是繼任者本身勝任能力的問題——你是認真教了，但他不見得能學會。而像這樣帶著他走一圈，你其實是在告訴所有人，「我正式交接了！」大家心中有把尺，知道你的工作已經做到位了，萬一繼任者有什麼做不好的，自然不會賴你。

―――――

再來說「後延伸」，也就是在交接後的一段時間裡，你要有「扶上馬，送一程」的態度。關於這一點，我其實聽過不少抱怨，「輪調之後，我自己也處在一個學習期，壓力很大。還要幫忙繼任者，我不就累死」。

但「後延伸」不是說你要給自己攬事，而是你和繼任者之間應該確立規則，說清楚「你能怎麼支持他」，好讓雙方都按規則辦事。具體方法是這樣的。你可以帶著這個繼任者先跟主管做一次匯報，**「主管，您安排我跟小王交接工作，我基本上已經交接完了。您放心，我也跟小王說了，接手以後有什麼問題，可以來找我。」**打好預防針，就可以定規則了，比如，**「我建議小王遇到問題的時候，先請示您，如果您判斷這個問題是我幫得上忙的，您就直接請小王找我。」**

這條規則說的是，繼任者直接來找你是不行的，他得先找主管。主管判斷必須你出手的時候，你再出手。這樣既把面子賣給了主管，也避免了自己碰到「伸手牌」。

再比如，**「我這個職位，說實話，事務性的工作還是比較多的，但我認為小王應該沒什麼問題。他接手的第一個月，我**

可以每個星期跟他對一次，遇到的問題，我集中幫他梳理。」

你看看這條規則是什麼意思。是「說好了，一個星期我跟繼任者對一回，平時沒事別老找我」的意思，對吧？

交接的邊界如果不清不楚的，新部門的主管就有可能生出不滿之心——人都已經來了，怎麼還動不動往前部門跑呢？所以，你一定要管理好繼任者的預期，透過上述規則告訴他，你已經離開原部門了，別指望你還能隨叫隨到。

其實無論你要交接什麼職位，繼任者遇到的問題八九不離十都是下面這幾個方向，我在 P.238 表 10-2 裡給你梳理出來了。我想，不管是你的繼任者還是前主管，看到這樣的表格，就知道你做了很多「幕後工作」，也會把你的工作水準、你的好記在心裡。當然，要是你所在的部門「苦交接問題久矣」，你可以直接把這一關的表格和流程介紹給你的主管、引進你的部門，讓大家都能可靠起來。風水輪流轉，或許哪一天你又會跟原部門的同事共事，你這麼做，也是在累積自己的人品嘛。

【練習】
怎麼交接，既利他，也利己？

工作交接本質上是一件不確定性極高的事——在什麼時間點產生，你的時間是否充裕，對方的工作能力是否到

位，都決定了它會有不同的效果。所以在這道練習裡，我想把交接的兩個技術要領交給你。有需要的時候，你就可以操練起來。

第一，在你的交接文檔裡準備一份流程文件。

流程對於「熟練者」來說可有可無，但對新手而言太重要了，因為新手完全不知道這事該從哪裡做起，到哪裡結束。所以，你在原來崗位的經驗，最好都可以寫進流程裡，可以像這樣說：「小張，我先把流程檔給你看看，有問題你可以在檔案裡標注。明天我跟你約個時間，我們針對『每個季度更新供應商合同』這項工作做個交接，到時候就可以用上這個檔案，你提你的問題，我根據你的問題來分享經驗，好不好？」基於流程，雙方就有了一個共同的資訊內容。對方提自己關心的問題，而你根據對方提的問題來交接，這樣就不容易出現「你覺得自己說清楚了，但對方還是沒明白」的情況。

但流程還是大事，交接時的第二個技術要領其實是圍繞資源和風險，來「提重點」。比如，你在這個崗位做事的時候，都有些什麼資源？哪些持續有效，哪些需要調整，它們跟預算的關係分別是什麼樣的……這些事情都應該跟繼任者交代清楚。

再比如，部門日常工作中都有哪些風險？這個排雷的

工作在交接時也很有必要，可以像這樣說：「有幾件事，過去我工作時都是吃過虧的，稍微給你介紹，你別嫌煩。」

讓繼任者短時間內記住所有流程，可能沒那麼容易，但要是說風險，那他可是分分鐘鐘都能背下來。所以，給繼任者一個善意的提醒，讓他知道雷區都在哪裡。未來，他會感謝你的。

③
怎麼和新主管建立聯繫？

跟前主管和繼任者溝通的方法，前面已經介紹清楚了。除此之外，還有一組關係在很大程度上決定了我們輪調的成敗，那就是我們跟新主管的關係。

還記得我們之前說的嗎？輪調後七成以上的人績效變差了。究其原因，員工在原先的崗位「怎麼做怎麼好」，可能不僅僅是他個人能力強。主管信任他，同事合得來、願意給他支持，當然也是很重要的原因。想像一下，如果每次匯報完主管都直接說「去做吧」，你的工作體驗該有多滿意？

但到了新崗位上，事情就沒那麼簡單了。原來你是重要幹部，現在你是新人。原來一次匯報就能解決的問題，現在可能

表 10-2　工作交接問題清單

相關問題	問題知情人 及其連絡方式
工作中有哪些常規會議、活動和報告？	
工作中正在推進的問題有哪些，哪個優先順序比較高？	
工作中哪些方面容易出現安全隱患和負面回饋？	
哪些問題對方可能不知情，需要重點說明？	
哪些工作不易理解、不好上手？	
哪些問題目前已經解決，但如果不及時檢查，還會再次出現？	

要來回改三遍，才能為自己贏得一點點理解、信任和支持，工作效率自然大不如前了。

而正如我所觀察到的，員工輪調時最容易犯的錯誤，就是一頭栽進具體的事務裡，想盡快在「工作」這個層面超越同事，忽略了「如果換了主管，必須重新做大量的溝通，重新建構人際關係環境」的現實。

在這一點上，我們很容易後知後覺。

曾經有個在國營企業工作的讀者問我：「花姐，我調到總公司快一年了，你覺得我應該主動向分公司副總匯報心得嗎？匯報的時候，你覺得我應該多說心得，還是多說某個具體問題的解決思考方向啊？」調到總公司，這是一個特別明顯的為培養幹部而安排的輪調機會。作為旁觀者，我們是不是一眼就看出來了？而我們這個讀者糾結的問題——說心得，還是說具體思考方向——其實並不重要，重要的是跟那個「明明相處了快一年，關係看起來還很生疏」的主管建立起良好的溝通習慣，從而讓他相信，你在基層顯現出來的那些能力是真的，你是個可靠的人，他可以對你放心。

一

橫向入職法

那你肯定會問，怎麼做才能達成這個效果呢？來，試試下面說的**橫向入職法**。雖然輪調不是跳槽，沒有職位和薪水的縱

向提升，只有工作經驗的橫向跨度，但我們還是要以入職的心態來對待自己所在的新崗位，重點做好兩件事。

第一，每個崗位都有所謂的「四梁八柱」，也就是那些要掌握的關鍵知識。我自己以前做過總結，做好以下幾件事，崗位的基本面就算是被你摸清楚了，它們會讓你快速找到工作的狀態：

- 在一個月內熟悉業務。
- 找到利益相關者。
- 符合主管預期。
- 適應文化。

你應該很清楚，要搞定這四件事，光靠你的「前任」還不夠——即使你從他那裡拿了一份洋洋灑灑 40 多頁的交接文件，你想要的「四梁八柱」也不一定在裡面。所以，你要自己制訂一份溝通計畫，透過幾個關鍵人物來取得資訊。

關鍵求助人物 1. 新主管

你第一個要求助的其實就是新主管，向他請教你這個職位究竟是怎麼回事，可以像這樣問：「**主管，我理解我現在的職位是以研發為核心，同時要和銷售部門去做一些大客戶銷售的事情。核心考核指標應該是 ××。您覺得我理解得對嗎？請您再指導我一番。**」

關鍵求助人物 2. 熟悉業務的同事

向新主管求助的時候，你可以稍帶著讓他指點你，「**我初來乍到，很擔心因為自己的學習能力跟不上，耽誤工作。我們哪位同事跟我這個業務最相關、水準也比較好？您能不能跟他說一聲，請他帶我，我以後多向他請教。**」第二個關鍵人物其實是這樣來的。

請注意，主管下意識向你推薦的這個人，除了是業務骨幹，大概也是他自己非常信任的下屬。所以，透過這個人去了解部門和崗位的相關情況，會起到執其要領的效果。

當然了，如果你的人緣還不錯，那你還可以在新部門裡找找自己的「內線」，他算是第三個關鍵人物。

關鍵求助人物 3. 熟悉部門的內線

「內線」不見得能在業務上給你帶來多大的幫助，但他了解部門的文化、主管的風格。很多潛在的語言體系和文化規則（請注意，不是潛規則）都可以透過這個「內線」來了解，從而更快地適應新部門。

你在找這幾個關鍵人物的時候，可以結合 P.242 表 10-3，想想怎麼透過他們，把新崗位的「四梁八柱」弄清楚。這是你要做的第一件事。

————

在此基礎上，我們來說說第二件事，跟新主管敲定你工作的目標。這件事的內涵，其實是利用你剛到新部門的這段「關

表 10-3　新崗位關鍵資訊清單

摸清「四樑八柱」	注意事項
在一個月內 熟悉業務	**公開訊息收集：** 查詢相關網站和分析報告，提前接觸與新崗位相關的資訊。
	內部資訊收集： 查詢內部手冊，了解部門整體情況。
找到利益相關者	**內部對接人：** 上級關係、平行關係……
	外部客戶： 價值客戶、潛在客戶、陌生客戶的建立聯繫管道……
符合主管預期	你主要的工作內容和核心指標是什麼？
	主管希望你來主導某個專案，還是先幫忙輔助同事？
適應文化	主管的管理風格如何？
	你跟其他同事的合作方式如何？
	……

係蜜月期」，把所有跟目標（同時也跟工作績效）相關的事向主管打聽清楚，瞄準目標做事，可以這樣說：「**主管，我希望能用一個月的時間完全適應這個新崗位的要求，儘快為我們部門做點貢獻。這是我自己擬的一份工作規劃。為了防止我犯錯，也讓我正確理解我們的目標，您能跟我說說，我們部門今年的大目標是什麼嗎？還有這個季度您認為最重要的目標是什麼呀？我是不是可以幫您分擔一些？**」

從部門的年度目標，到分解後的階段性目標，再到落在你身上的目標，所有問題都只圍繞著一件事。為什麼要這樣呢？

其實，每一名新人加入團隊時，主管最關心的就是他能不能一起幫著完成團隊的整體目標。換句話說，你對整體目標的貢獻值越高，就可以越快進入這個新部門的核心圈子。

為了讓你可以基於目標來制訂工作計畫，我在 P.244 表10-4 裡準備了一個範例，包括時間、階段任務、所需資源、調整措施等項目。其中調整措施說的是，萬一在執行當中現實和計畫不符合預期，你有哪些補救措施或者替代方案。

你可以在這張表上填寫你第一周、第一個月、第一個季度要達成的工作目標，然後跟主管對焦。這樣他就能看清楚，哪些工作是你自己能達成的，哪些工作的要求對你來說可能太高，需要相對應的資源，以及最重要的，你在那一周、那一個月、那一個季度為團隊目標的達成做了什麼。

就在這一系列問目標、對齊目標的過程中，你的新主管會漸漸習慣和你之間的溝通。即便以後關係過了「蜜月期」，也

表 10-4　工作規劃範例

時間	目標	階段任務	所需資源／幫助	調整措施
第一周	部門目標			
	個人目標			
第一個月	部門目標			
	個人目標			
第一季	部門目標			
	個人目標			

不會影響你繼續向他請教，從他那裡獲得支持。因為，他早就把你當成自己人了。

◆ 花姐幫你畫重點 ◆

　　越來越多的組織正在把輪調作為員工晉升前的必考題。所以，我在這一關指出了員工在輪調期的常見錯誤，同時總結了三套解題思考方向。

　　輪調無異於我們職業生涯中的一場挑戰，被動就要挨打，所以不如主動迎戰，提前為適應新崗位做一些準備。這是主動迎戰法。

　　輪調前後，適當「延伸」你的責任區，把工作交接做好，這是前後延伸法。因為繼任者的成功，就是你的勝利。透過一次工作交接，你有機會贏得那些重要的人際關係對你的支持和好評。

　　進入新部門以後，你用一種重新入職的心態對待輪調，透過溝通摸清崗位的「四梁八柱」，明確自己的工作規劃，補齊自己的能力地圖。這是橫向入職法。

　　最後，我希望過去的這段學習旅程，可以幫你用最高的效率為當主管、帶隊伍、出業績做好準備。

　　我們在這本書的第二部分見。

我的行動方案

學而時習之，請在這裡記錄你的思考和改變

我決定做出一個改變：

我用新方法解決了一個問題：

我的感受：

WELL DONE

PART TWO

職場 攻略

—— PRACTICAL GUIDE ——

好啦！在前面的十道關卡裡，關於如何開展工作，所有能盡洪荒之力提供給你的方法，我都交代完啦！

但我知道，事到臨頭，糾結、衝動、羞怯、自我懷疑的情緒還是會時不時跳出來干擾你，讓你不能 100％發揮已經儲備好的實力。

這些時刻，你需要一聲棒喝。

- -

我很喜歡《古尊宿語錄》裡寒山、拾得二僧的對話。

寒山問拾得曰：「世間謗我、欺我、辱我、笑我、輕我、賤我、惡我、騙我，如何處置乎？」拾得云：「只是忍他、讓他、由他、避他、耐他、敬他、不要理他，再待幾年你且看他。」

- -

這本書的第二部分是一套職場攻略，當中沒有道理、沒有情緒、沒有理由，你只要做就對了。

沒錯，在正確的軌道上，只管去做，再過幾年，你必然成為更好的自己。

每當走到職場的關鍵時刻，希望你能記得，翻開我為你準備的職場攻略，接受一聲棒喝，然後──做就對了。

第 1 條

面試收到 offer 以後要做什麼？

▼

❶ 收到 offer 後，用自己的話向聯繫你的人力資源部門聯絡人，表達你對這份 offer 的理解，並整理成簡要的 Email 或傳微信給他，請他確認你的理解是否準確。如果你對某些問題感到困惑，直接問，不要猜。

❷ 隨時告知可能影響你到職的資訊。如果在到職前發生任何變化，比如目前單位要求你延長交接期，或是你本以為不會成功的某個留學申請突然通過，甚至老闆開出了你無法拒絕的挽留條件，一定要立即與人力資源部門的聯絡人溝通。但不要請他提供建議給你，因為這很容易被誤解為你試圖談判入職條件，告知事實和你的決定即可。

❸ 吃「自己的狗糧」（使用自家產品）。追蹤新單位的動向和新聞，並要求自己高頻率使用它們的產品和服務。在電腦上建立一個檔案，把這個階段的想法和疑問記錄下來。只記錄就好，不需要給出結論。這份檔案將在你入職三個月後發揮一個大作用——你可以拿著這些紀錄去找主管，然後把你入職前後對這些問題的對比思考告訴他。針對一些特定的問題，你甚至可以提出作為員工的具體建議和解決方案。對方一定會認為

你很有心。

4 在社交媒體上盡可能多關注一些新公司的同事，觀察他們在談論什麼、彼此之間的互動方式怎樣。這會加速你入職後的融入速度。

5 務必和你所屬部門的負責人加微信，如果面試時沒加，可以請人資部門的聯絡人幫你加一下。在入職前就要有互動，比如非正式地向對方報告你的入職進展，主動問問有什麼剛啟動的項目工作群組，你可以作為新手先行加入，並力所能及地幫一些忙。請注意，這麼做不是拍馬屁、拉關係，而是「社交熱身」，可以幫你在入職時快速跨過陌生人之間的社交尷尬期。

6 入職前一天自己列一張清單，把所有該準備的事項列在上面，打勾核對。提前把相關資料整理到一個資料夾裡。

7 請你所屬部門的負責人「幫你個忙」。請注意，一定要是「小忙」。可以請他提出一些在入職前希望你做的準備事項，比如閱讀一本書，研究兩三件事情。這是和別人產生互動的最佳方式之一。職場上請別人幫個小忙，相當於錢鐘書說的「談戀愛要從借書開始」。

8 加分項：提前到職。如果有可能，一定要這麼做。人力資源部和你所屬部門的負責人會非常歡迎你。

第 2 條

上班第一天要做哪些準備？

1 比通知你的上班時間提前十分鐘到單位，這可以讓你在當天上午有充足的時間辦理手續，做基本的入職適應。

2 重視第一次面對面談話。到職後，第一件事就是去問你的直屬主管：今天什麼時候有空，可以跟我說明一下工作？**一定要從他的日程裡，為自己爭取不少於半小時的面對面交流時間──這不僅是工作部署，更是建立信任的過程。**見面時，重點請教他關於本部門各項 KPI 的內涵，以及他希望你在其中承擔的責任。

3 為自己準備一段 200 字左右的自我介紹。因為你會加入所屬部門乃至單位的各個工作群組，需要你快速介紹自己，並且讓同事們有興趣與你互動、破冰。一個比較好的格式是：本名＋別名＋學歷背景＋主要工作經歷＋一個特徵。加分項是講講你在加入部門前對它最深的印象。

4 給所有在你加入單位前已經認識的人，比如面試官、其他部門的同事等傳一則訊息：「我今天正式到職了，我的位置在 ××，你坐哪裡呀？方便的時候，我去跟你打招呼。」用這種方式，能快速建立自己的非正式社交網路。

5 問當天與你有交流的每個人同一個問題：如果我要把我的工作做好，你建議我去跟誰聊聊？照著這份名單，在未來的一周盡量把這些人都聊到。

6 不要浪費單位派給你的「前輩」，他的責任是讓你熟悉單位環境和人事。在這個過程中，你可以多向他請教。比如他幫你介紹了某個人，你就要問清楚：「這個人主要負責什麼，和我的工作會有什麼交集？」在第一天結束時，要真誠地向「前輩」表示感謝，但不要給他送禮，也不要請他吃飯。

7 和其他老同事交流時，你可能會聽到很多陌生的名詞或者說法。不要忽略，當場就問；實在不好意思問，記下來，事後單獨問。一家單位真正的實力手藝，往往就藏在這些陌生名詞和說法裡。

8 一定要在上班第一天就搞懂單位的生產力工具。以我們公司為例，包含這些：

- 飛書（基本溝通工具 1）
- 企業微信群組（基本溝通工具 2）
- OA（Office Automation，自動化辦公平臺，也是單位內部流程的聚集地）

有問題的話，找行政或者 IT 支持部門的同事協調，務必徹底搞定。除此之外，各部門可能還會有一些特定的生產力工

具。找直屬主管問清楚，務必在接下來一周之內熟練掌握。

❾ 當天工作結束前，傳一則訊息給人力資源部的聯絡人，告知你今天到職後的進展，感謝對方的關照，並且詢問之後有哪些新員工培訓的計畫，方便你提前安排時間。

❿ 認真寫下你在這個工作單位的第一篇週報。這是你的起點，值得記錄。

⓫ 如果你比較害羞，實在不好意思主動開啟和新同事的交流，那麼你可以在工作群組自我介紹時附上一句：「我很希望能夠跟每位同事學習，但我有點社恐，能請你們遇到我的時候，先跟我說一句話，帶帶我嗎？」放心，有奇效。

第3條

工作中如何發起求助？

1 發起求助是一個人非常基本的能力，每一次求助也是連結他人的機會。所以，不要怕求助。求助可能會暴露你能力上的不足，但也可以展示你的上進心。對於一個年輕人來說，上進心比能力重要多了。

2 開口請別人幫忙之前，先花三分鐘時間想一下：**自己為這件事做了什麼，是否付出了應有的努力，是否已用盡了自己的辦法？**如果都敢回答「是」，再去請人幫忙，否則就是伸手牌。

3 要分清是請人幫小忙還是幫大忙。小忙就是舉手之勞，別人基本上不需要犧牲自己原有工作節奏來幫你。小忙要動用「私人化」的溝通方式，人家幫的是「你」，而不是事。無論結果如何，都要領情，要還人情。最好的還人情方式是「當下就做」，當天買杯咖啡送他、請他一起吃個午飯，甚至只要真誠地道謝就夠了，重點是把事情即時了結。要避免「之後請你吃飯」這樣的說法，既不誠懇，也沒有把這個互動做完美結尾。

4 請人幫大忙，就是需要別人犧牲自己的原計劃，甚至放下手邊的事情來做你的事。大忙絕不能用「私人化」方式，而

254

是要正式協商。先去跟你的直屬主管交流，告知你的情況，取得他的支援，請他來為你協調其他同事的時間。你腦子裡是自己的一堆事，而你主管的腦子裡有業務全域，所以他會權衡事情的優先順序，避免因小失大。

5 即便是主管安排其他同事來幫忙，你也不要認為這理所應當。要主動問來幫忙的同事：你手頭的事，有什麼我能分擔的嗎？盡量不要讓他因為你的事而承擔過大的壓力。

6 為幫你忙的同事準備一個清晰的工作介面，專程找個時間認真向他介紹，讓他與你掌握的情況完全一致。你應該介紹的訊息包括但不限於：你之前為這項工作做了哪些事情、有哪些特殊情況你解決不了、你請他幫忙的具體問題是什麼、這項工作的最終目標是什麼。如果有相關資料，整理成一個有目錄的檔案給他。

7 求助時要盡可能當面說，讓對方看到你本人。在五分鐘之內把你的問題陳述清楚。超過五分鐘，說明你自己還沒想清楚。

8 雖然別人出於各種原因願意來幫忙你，但是，工作負責人還是你。如果你認為因此可以不承擔原定的責任，那就不叫求助了，而叫「推卸責任」。所以你要告訴幫你的同事，你願意承擔責任，有任何問題隨時可以丟給你，他儘管放手去做。

❾ 重視「求助命中率」，求助的對象和求助的方式一樣重要。不應該思考「我跟誰熟」，而是要從「他有能力／經驗／權力解決這個問題嗎？」出發考慮。不確定的話，問身邊的前輩同事——不是問他們能不能幫忙，而是問「建議找誰幫忙」。

❿ 無論是小忙還是大忙，如果是向單位外的人求助，要先搞清楚這個問題是否可以讓單位外的人知曉，不洩露非公開訊息。不確定的話，請示主管。

⓫ 如果是向單位外的人求助，還要詢問對方的合作條件。在對方業務範圍內的合作，務必主動支付費用。絕不能出現「自己同學是開 PPT 製作公司的，就讓他來免費設計檔案」這樣的情況。如果對方或者雙方合作事項不是商業化的，則要發送 Email 正式致謝，或者在單位申請一份合規的禮品贈予對方。

⓬ 除了善於求助，也要善於應對他人的求助。不要全部承接，而要分清主次，先評估一下自己原有的工作是否能搞定，再決定是否幫助別人。不確定的話，去問問你的直屬主管，向他尋求建議。

第 4 條

如何進行線上溝通？

❶ 線上環境，對方的時間和注意力都非常有限，所以應該有意識地訓練自己在 30 秒內清晰表達觀點的能力。這反過來也能測試你是否真正理解自己在做的事。

❷ 想辦法講清楚自己觀點的價值，在對方心裡種下一個大大的 why（為什麼），讓對方願意給你時間進一步溝通。

❸ 不要「已讀不回」。收到別人傳來的訊息時一定要有回饋，哪怕只是最小化的回覆「收到，盡快確認／落實」。

❹ 注意整理自己的網路暱稱。在進入職場之前，不雅、低級、幼稚、複雜的暱稱都應該改掉。**讓自己變得好找、好認、好稱呼，就是在零成本提高自己的存在感。**

❺ 永遠不要問「在嗎」。應該以有事說事的心態，簡短地寫清楚你想辦的事情，方便對方快速瀏覽。要是怕對方不方便，在寫清楚自己的訴求後，可以附上一句「不急，您有空的時候回覆即可。」

❻ 打電話給對方之前，最好先線上約一個方便通話的時間。

7 不到萬不得已，不發送語音訊息。

8 在介紹合作夥伴或工作人員時，最好徵求一下雙方的意見，拉個小群組介紹雙方，然後自己退群組讓他們溝通，而不是直接傳名片、直接拉群組。要知道，沒有人喜歡突然被陌生人打擾。

9 翻到本書第一部分第 3 關，把「如何做好線上溝通，提升工作效率」（P.65）的內容再看一遍。

如何正確的使用工作郵件？

❶ 就線上溝通而言，按照正式程度來分：郵件＞電話＞微信等即時通訊工具。是的，雖然在微信說也是有紀錄，但它最不正式。所以，線上溝通重要事項的首選還是 Email。

❷ 公事和私事使用的 Email 信箱不要混用。

❸ 一封合格的工作 Email 包括標題、開頭、正文（含訴求）和結尾，認真寫好每個部分。

❹ 標題要有「呼喚你」和「愉悅你」的效果。「5 月 12 日會議紀要」不如改成「5 月 12 日會後行動規劃，請批示」，「12 月 3 日的培訓課程」不如改成「學習成為有效溝通者：12 月 3 日培訓課程大綱」。

❺ 開頭有溫度、有重點。第一句話先暖場，接下來馬上進入主題，比如「我寫 Email 給您，是想確認一下……」

❻ 正文用「三個凡是」組織格式：凡是能分段的就分，凡是能加小標題的就加，凡是能列清單和圖表的就列。讓對方一目了然。

7 訴求要清晰，語氣要尊重。比較一下這兩種說法的區別：「請各位按時遞交表格，否則老闆會罵。」、「我希望在下午 4 點前收到各位的表格。如果實在忙不過來，請提前告知。」

8 結尾能引發真正的行動：「我每週都會跟您同步這個專案的進度。下週二我會聯繫您，以了解是否有其他問題我可以協助解決。」、「我期待能和你在電話裡進一步討論，歡迎你的建議。」

9 微信或者電話溝通後，最好把重要的文件和事件用 Email 再通知一下。說白了，這也是對自己的一種保護，萬一產生爭議也能做到有據可依。

第 6 條

被通知要參加一場會議，但是狀況外，怎麼辦？

1 定角色。接到通知時，要主動詢問自己在會議上的角色。向會議發起人確認，自己是列席了解資訊就行，還是要承擔某項具體責任。

2 做功課，帶著資料進會議室。至少清楚地了解會議的目的、會議召開前此項工作已有的基礎、主要參會人的身分和你能為這場會議所做的貢獻。

3 不遲到，不滑手機，除非負責陳述或者需要記錄，否則也不使用電腦。

4 往前坐。除非會議室條件不允許，否則要求自己盡量往前坐。坐到前排的人，當然壓力更大，但也會因此思考和參與更多。

5 記筆記。快速記錄會議過程中的要點，尤其是要記錄要點來自誰。如果沒有指定記錄人，那麼要求自己在會議結束後半小時內完成會議紀要（參考下一條職場攻略「如何寫會議紀錄？」P.263）。暫時做不到的話，按照這個標準訓練自己。即使這場會議有記錄人，你的筆記仍然可以起到補充或者供自

己回顧的作用。

6 勤發言。只要會議的議程允許，參會就要做發言準備。提出問題、提供建議，都算。

7 在任何情況下，絕對不允許自己說出以下這句話：「我沒什麼準備。」

8 有陌生同事或外部人員參加的會議，發言前先自我介紹，口齒清晰地說明自己所屬的團隊、姓名和來這個會議的目的。

9 如果發現會議上有自己不認識的人，可以向其他熟悉的同事打聽一下，記住他的名字和團隊。也可以在散會時跟他正式互相自我介紹一下。

如何寫會議紀錄？

❶ 會議紀錄和會議紀要是兩回事。會議紀錄是個人化的，可以盡可能多記過程，把主要的討論和發言寫下來，這有利於事後恢復記憶。而會議紀要只應該包括共識和後續行動，是一份行動計畫。

❷ 凡開會，必有紀錄。只有紀錄才能確認我們是否達成了共識。

❸ 一份有用的會議紀錄，除了時間、地點、人員等基本內容，還應該包含三要素：共識、負責人和跟進點。如果有未能達成共識的事項，把它們記下來，必要時再發起會議討論（在本書第一部分第 5 關會議發言的內容裡，有我為你準備的會議紀錄範例（P.131），可以直接取用）。

❹ 會議紀錄必須是清單體，符合 MECE1¹ 法則，也就是清單的每條內容相互獨立，邏輯平行。基本元素也應該一樣，包括：我們將要做什麼事、誰負責、什麼時間完成、達到什麼效果。

---

1 Mutually Exclusive and Collectively Exhaustive 的簡寫，意為相互獨立、完全窮盡。

5 會議紀錄不僅要傳到工作群組裡，還要發 Email。撰寫 Email 時，可以在正文和附件同時添加紀要內容。**以「××會議紀要，請查收」為題的 Email 效果最差，不妨改成「×× 會議紀要，請確認你的負責事項」，這樣能保證大多數人真的會看一遍。**僅僅是 Email 標題的變化，就能幫你把一份紀要改造成一個行動方案，讓收件人行動起來。

6 一份會議紀錄不應該超過 1000 字。如果超過了，說明執筆者沒理解這場會議到底發生了什麼。

第 8 條

如何召開一場會議？

1 不召開沒有準備的會議。作為會議發起人，必須提前向與會人發出會議邀請，確定主題、人員、目標和會前閱讀資料（如果有的話）。

2 明確地限制人數、限制時長、限制主題。正常情況下，與會人數不要超過 10 人，會議時長不要超過 1 小時，也不要開多目標的會，否則很難進行有效的討論，最終會變成少數人擔責、大多數人「摸魚」。

3 在我們公司有一個傳統，會議發起人是默認要擔任主持人。主持人得對會議效果全程負責，並且最好在開會前花 3 分鐘再次跟大家說明會議議程。這樣做的好處是不會跑偏、不會超時，且保證會議結束時一定有結果。

4 主持人在會議開始前指定記錄人，負責在會議結束後出示會議紀錄。為了訓練新同事，這個角色在我們公司通常會由新加入的同事負責，主持人做指導。

5 會議結束的時候，主持人需要進行 5 分鐘的總結，確認我們是否達成目標，並說明下一步的工作事項、負責人和截

止時間。**一頭一尾兩個發言，是會議主持人最需要下功夫的地方。**

6 我們公司的另一個經驗是，為了培養後備團隊，在大部分會議裡會設立旁聽席，感興趣的同事可以參會旁聽。但為了會議的效率，旁聽席不安排發言。

7 要討論一個工作事項，除了正式發起會議，還有一個更簡單的方式，就是發起非正式溝通。午餐時候討論，都算。這樣的討論，效率遠高於正式會議。

8 學會熟練地使用「你剛才那個建議能不能再詳細說明一下」、「這件事我們能不能再具體討論一下做法」等有助於把議題推向執行的表達方式。

9 會議室裡最有力量的一句話永遠都是：「這件事交給我吧！」

如何養成良好的工作習慣？

❶ 找到工作的意義。這個意義不能依附於外界，比如別人的認可。

❷ 用內容工程而不是內容創作的思維去工作。「工程」的意思是要給定條件，有明確的交付物和交付標準。

❸ 時時記得一項工作的「最高任務」，別把工作做「碎」了。

❹ 把工作重心放在解決問題的方法上，研究自己的工作方法，關注自己工作方法並重覆反饋，以及工作方法能不能為自己和他人提升效率。

❺ 把每項工作都當成一個作品來完成。哪怕是寫一則活動通知，也要寫成讓人眼前一亮的活動通知。

❻「訓練」你的主管，讓他養成好好交辦你工作的習慣，確保你在工作之前充分理解這項工作要解決什麼問題，以及交付標準是什麼樣的。

❼ 最可怕的不是接到不合理的工作任務，而是各個環節

的同事都還說不清楚任務是什麼，它就已經到你手上了。這時候，你可以當一個冷靜的人：到業務場景裡看看同事們到底要解決什麼問題，問題是典型的還是非典型的，是長期的還是暫時性的，然後試著提出你的解決方案。

8 了解各個環節同事所做的工作。如果你是網路公司的業務人員，你要大致清楚哪些問題，技術可以解決，哪些不能，別亂提需求；如果你是技術人員，你也應該知道業務的真實場景和需求是什麼。不是完全滿足業務「表達」的需求就是好技術。

9 工作的時候要考慮解決這個問題需要多少成本、能帶來多大的業務價值，而不是僅靠自己的經驗、偏好和主觀判斷。要培養自己的財務思維。

10 工作一方面應該有責任感，另一方面也要學會「心大」。很多工作都是做好了沒人看到，出了問題才會被看到。既不要因為沒人看到自己的努力而沮喪，也不必因為被看到了問題而崩潰。都只是工作而已，它們永遠不代表你這個人的全部價值。

第 10 條

被安排一項任務，執行過程中要注意什麼？

▼

1 少來「把信送給加西亞」那一套。一朝領命而去，幾年百折不撓，和組織失去聯繫也要把事辦成的故事雖然很勵志，但並不是真相。**真相是組織的目標和打法都在快速變化，只有和他人保持密切互動，才能在變化中達成目標。**

2 不要怕被人譏笑「刷存在感」，做事的人就是要為自己做的事爭取存在感。經常與部署任務給你的主管談論你在做的事情、你遇到的問題，是換取對方建議的最好方式。

3 任何一個任務都可以拆分為好幾個子任務，選擇從哪個子任務開始做時，以你最有天賦、資源最多和最想花時間的先做。先拔「101 高地」（位於遼寧省黑山縣）的紅旗，剩下的乘勝追擊。

4 高度關注你的協作節點。涉及與他人、其他部門、外部合作者協作的節點往往是最容易出問題的。要養成保留溝通證據的習慣，比如重要事項用 Email 確認、開會後及時同步會議紀錄、不刪除微信對話記錄等等。

5 如果需要更改計畫，應立即做溝通，防止小變化耽誤了

一盤大棋。

6 也要防止貪圖方便而拒絕改變的狀況，這可能會耽誤目標的達成。

7 對人好一點，無論事情有多重要多著急，都要做個有人情味的人。關心與自己合作的人的狀態，主動表達對他們的關心和感謝。有條件的話，為他們創造一些便利，不要等著他們來找自己。

8 跨部門、跨組織的溝通不要假手於人。怕麻煩，所以讓他人去傳話，最後造成的麻煩還是得由你自己解決。主動發起橫向溝通，這也是鍛鍊主管力的好機會。

9 注意執行過程中的法律問題。比如，是否要使用協力廠商的字體、圖片、音樂或影片？是否已經徵得協力廠商的充分授權來使用這些素材？主管指示的工作方法是否違規甚至違法？是否在文案中使用了「最好」、「唯一」、「頂級」等廣告法禁止或限制使用的詞彙？諮詢對象是否需要取得所在工作單位的批准才能提供資訊？……

如何為自己的工作爭取更多資源？

❶ 重視累積自己的工作信用。能拿到更多資源的人，不是在搶資源這件事情上特別有辦法，而是因為平常就很可靠，大家都很信任他。

❷ 有意識地提高工作曝光度。主動與工作上下游的同事、分支的主管聊聊工作進展，讓大家知道你在做什麼、取得了什麼階段性成果。千萬不要只顧埋頭工作，拒絕與其他人交流。

❸ 工作要以「可交付」而不是「我盡力了」為標準。可交付的意思是，這個工作離開你手的時候是個完成品，不需要接手者修補就能進入下一個流程。在工作單位的生態中，誰的結果最可交付，資源就會迅速集中到他那裡。

❹ 增強整體部門意識。把自己的工作放到單位的業務全域裡做對照，找到自己為部門做貢獻的方式。你對部門的貢獻度越高，資源就越會導向你。

❺ 不要把升職作為爭取資源的一種方式。升職是升職，做事是做事。如果把這兩件事攪和在一起，只會讓其他人覺得你是以工作為要脅，謀求個人利益。

6 對每一次會議，尤其是跨部門的會議做充分準備。會議是提高你工作曝光度的最好機會。在會議上的發言一定要有訊息量、有建設性。長此以往，大家都會重視你，你要資源的時候大家也願意幫你。

7 利出一孔，在關鍵時刻爭取關鍵資源。

8 把基礎工作都做完，讓大家覺得你是「萬事俱備，只欠東風」。這一點我們在第一部分第 4 關講「爭取資源」（P.87）時也有強調。

如何和同事討論工作上的問題？

1 無目標則無意義。發起討論前，先聲明目標，標準台詞如下：我想實現一個目標，但我有一個障礙，我們一起討論一下解決方案吧！

2 展現你對這個問題的熱情和投入度。最好能「感染」而不是「要求」對方加入討論。

3 如果你沒想清楚目標，那麼，把「我沒想清楚目標」作為第一個必須被討論的問題提出來。

4 沒必要在討論開頭說半天自己的想法。對方很可能是個高手，不需要你做過多鋪墊。直接發起問題，用「我特別想聽聽你的建議」結尾，請對方回饋。如果他需要更多資訊，他會問你的。

5 隨手做個記錄，比如畫個簡單的流程圖或者記一下關鍵字。人們在討論時的想法不是結構化、精準化的，而是隨機迸發、稍縱即逝的。隨手記錄的習慣，可以保證每個精彩的想法都能被發展成一套完整的打法。

6 複雜的討論先徵得對方同意，然後錄音。

7 如果不好意思直接反對對方的某個觀點，可以說沒聽懂，請他再說一次。你會發現，大部分人會說出一個比前一次更完善的想法。

8 討論要有結尾。發起討論的人有義務總結：我們討論的成果是什麼？是一個共識，還是一個行動計畫？

9 向對方表示感謝的最好方式，是告訴對方你的收穫。

有不會、不懂、不確定的問題，怎麼辦？

1 是先查資料還是先問人，取決於緊急程度。如果情況緊急，請按職場攻略第 3 條「工作中如何發起求助」（P.254）來做，別讓你的自尊心耽誤工作。如果不緊急，就先自己查詢資料，透過自學搞懂搞會。

2 最直接有效的自學方式是找出類似的目標，進行 1：1 模仿。比如，我會建議團隊裡的新同事多看看已經上線的產品，先模仿成熟的模式來開展工作。依樣畫葫蘆，至少能對一半。像這樣的模仿，產品經理可以做，程式設計師可以做，甚至你在準備單位大會發言的時候也可以做——模仿你崇拜的職場前輩講話方式，在模仿中體會高手為什麼這樣表達。

3 不用擔心你會因此變成一個抄襲者。模仿只是你的學習方式，你還要根據他人的回饋和單位特定的要求進行調整，最終一定會形成你自己的特色。記住任正非的那句話：**先僵化，再優化。**

4 要有一張「夢想名單」，上面是你心目中幾位同行大神的名字。關注他們的動向、解讀他們的文章和言論、複習他們解決問題的模式，利用一切機會向他們學習。

5 養成「反述」的習慣。無論是別人回應了你的請教，還是別人給了你一個教導，都要反過來向他講述一遍，請他確認或者糾正。這樣可以避免自作聰明，也可以核對自己有沒有真正掌握。

6 請職場前輩給你開一張學習清單，讓他們推薦值得讀的專業書籍、值得加入的專業團體，然後堅持學習。在團體裡說出自己的學習心得或者資源，讓別人能看到你的存在，那麼當你在此發起求助時，就能獲得更多的信任和尊重。

7 逐步搭建起自己的同行關係網絡，並能從這個關係系統中獲得滋養。一個運營，當然要和其他至少五家優秀公司的運營同行有交流關係；一個編輯，當然要知道這個工作單位乃至這個市場上一流的內容生產者都是誰，並且要讓他們也知道你的存在。技術也是，財務也是。

8 如果你不會、不懂、不確定的疑問屬於法律或財務等方面的專業問題，參考下一條職場攻略「如何準確的問問題？」，找單位相關部門的同事討論。

如何準確的問問題？

❶ 問題分兩種：一種是可以沒完沒了探討的課題：question；另一種是要著手解決的難題：problem。在職場中，當我們說「問問題」時，通常是指後一種。

❷ 盡可能把封閉性問題轉換成開放式問題。比如，將「這次運營活動需要開個協調會嗎？」轉換為「我建議這次運營活動召集一次協調會，你覺得要找哪些人？」我們問問題，是為了展開一段建設性的探討，而不是要問出一個固定答案。

❸ 正確的問題應該設定邊界和條件。你可以比較一下「怎麼把 OKR[1] 制定得更好」和「我明天要提交下個季度的 OKR，怎麼制定能讓小組達成業績目標」之間的區別。

❹ 正確的提問方式應該是目標先行，把目的放在前面說，把問題放到後面。問主管：「你明天能撥出一小時嗎？」一個忙碌的主管大概會回你：「怎麼了？」或者「沒時間」。但換個順序，先問：「我明天想召開一個會議解決這個技術問題，你覺得有什麼需要注意的？」那你很有機會收到有效的回覆。

---

1 Objectives and Key Results 的簡寫，意為目標與關鍵結果。

先說目的，然後再問：「預計只需要一個小時，你可以參加嗎？」

5 正確提問和正確的問題一樣重要，就事論事問問題和 judge（評判）之間有微妙區別。雖說 judge 在形式上經常表現為問題，但它表達的是情緒，而不是訴求。比較一下「你能說明你的想法嗎？」和「你是怎麼想的？」之間的區別。

6 不 judge 別人，不代表不能發表反對意見。對於表示懷疑和反對的問題，可以先做一個「態度豁免聲明」，比如「我想就事論事地問一下」、「我可能要問一個不太禮貌的問題」。我的搭檔羅胖在提出一些尖銳的問題之前，最常用的表達方式是「請原諒我情商特別低，我想直接問一個問題」。給了這個情緒緩衝，雖然對方仍然不會高興，但是他不會憤怒。

7 盡量不要反問。這樣說，遇到強勢的人會吵架，遇到弱勢的人會把天聊死，無論如何都耽誤了事情本身。

如何參與一項大專案？

1 在大專案裡打衝鋒，最能鍛鍊一個人的綜合能力，一定要積極爭取。

2 如果想參與一個非本職工作的大專案，務必先尋求直屬主管的支持和推薦。同時，為自己的本職工作制訂明確的計畫，證明不會耽誤進度，讓主管可以放心。

3 明確自己在專案組的分工和定位。一定要在啟動時和專案負責人聊聊，把你們雙方對責任和許可權的界定對齊。

4 專案啟動第一周，應該認識組內所有成員，並且清楚地知道大家的分工。如果還是不清楚，就主動為大家畫一張分工表。

5 基於專案的整體進度，把自己負責的工作進度表制訂出來。一個大專案的執行過程中，變化一定很多，要做好隨機應變的心理準備。對於任何變化都不要覺得與自己無關，而是要不斷「對表」（對工作進度表），看一下自己負責的部分是否需要改變。

6 如果自己負責的工作有變化，第一時間與其他專案成員

同步資訊，便於合作。

7 秉持「先慢後快」原則。制訂方案、就方案形成共識的時候，要有耐心；一旦方案確定，就快速推進執行。在方案計畫和權限範圍內的事情，該自己定的就自己定，不消耗他人的時間精力。

8 積極給專案組其他成員的工作出主意。如果自己剛好有某些資源，主動分享給他們。

9 自己負責的工作要負責到底，絕不「推卸責任」。除非是工作單位層面的調動，否則不在一個大項目進行期間退出。

要集體做一次手上工作盤點回顧，怎麼辦？

❶ 先做書面作業，再組織會議。各工作類別成員先用清單體進行書面總結，製作成檢討文件。哪些值得在會議上集體檢討的，看檔案便知。

❷ 檢討會按四個步驟進行：回顧目標、評估結果、分析原因、總結。

❸ 檢討的基準要和最初設定的目標對比，成敗自明。對於未達成的目標，不要試圖找理由合理化。

❹ 能使用定量指標說明的部分，不用定性描述。

❺ 不用相對數字，用絕對數字呈現定量指標。相對數字是「比活動前大大提高了十倍」，絕對數字是「從 10 人使用到 100 人使用」。感受一下誰在「打馬虎眼」。

❻ 專案負責人要有統籌意識，避免各工作類別的成員在檢討會上自說自話。

❼ 在檢討會上，給各工作類別的成員展現自我的機會。

❽ 檢討會不追究具體成員的責任。

9 檢討會是最有價值的內部培訓會。如果專案情況允許，可以邀請專案外的同事來旁聽。

10 檢討會開完，並不代表專案就此結束了。如果暴露出一些待解決的問題，項目的負責人有義務繼續跟進。

11 檢討會的紀錄，尤其是那些可再利用的經驗和值得推廣的能力，要列入單位的「重要工作檢查清單」，以便進行下一個同類型的項目時，能帶著這一次檢討的經驗直接開工。

第 17 條

想跟同事打好關係，怎麼做？

❶ 同事首先是「共同做事」，做事可靠，是同事關係的基礎。

❷ 如果能和同事成為朋友，這是幸運的事。但是同事不必是朋友，所以，不要用和朋友相處的方式與同事相處。不要有「他們是否喜歡我」、「我怎麼做才能讓他們喜歡我」的期待和妄念。

❸ 別讓同事為你的心情、健康、心理買單。一旦你開始因為私生活而影響工作，就相當於綁架了整個團隊。

❹ 工作，就是和世界玩交換遊戲。如果你還沒有資源，就把自己作為資源。你的資源包括：你能支配的時間、你能運用的技能和經驗，以及以你的眼光所看到的趨勢。

❺ 主動幫助別人，或者真誠地向他人求助，都可以快速拉近你們彼此間的關係。

❻ 工作中既要關注人，也要關注事。不關注人，人不和你交流；不關注事，合作沒收益。越往高職位走，越需要關注人。

7 你在表達訴求時，表達方式越符合對方的工作習慣、越清楚、越有力，就越有可能成為讓同事省心的人。一個人的職業信用，源於持續向單位、部門、同事提供價值，也就是「讓自己對別人有用」。就算自己能力暫時不強，至少要讓同事看到你的付出和態度。

想跟主管打好關係，怎麼做？

❶ 良性的人際關係只有一種：獨立自主、強強聯合。你專業、你能幹、你有前途，主管會和你拉近關係；你巴結、你取悅、你績效不好，主管會毫不猶豫地解聘你。

❷ 主管是要面對很多個下級的組織者。他代表單位雇用你，是在購買你的能力和時間，以節省自己的精力和時間。從這個意義上來看，他是你的「用戶」。**我認為不存在「我要跟主管打好關係」這個課題，真實存在的課題是「我要服務好我的使用者」。**

❸ 既然主管是你的「用戶」，那麼你交給他的任何工作結果都應該是一個「產品」。哪怕是一封郵件或者一份報告，都應該表達扼要、背景清晰，讓對方可以快速抓住重點。

❹ 學會向上調用資源，而不是等待被調用。主管時間少，但資訊多、資源多；你時間多，但資訊少、資源也少。誰資源匱乏誰主動溝通，誰比較痛苦誰主動溝通。所以，和主管的溝通一定是由你發起。

❺ 計畫外的溝通和回饋盡量按主管的時間表走。在溝通前，

傳訊息給他，告訴他具體想請教什麼、需要多長時間。這不是因為他官威比你大，而是因為他要面對很多個你，時間被分攤得很零碎也很不確定。請記住，他的精力也是你們團隊的資源。

6 溝通時，不妨用行銷思維「算計」你的這位「用戶」，吸引他對你的工作提供更多的資源、注意力和時間。具體來說，就是及時、主動地同步資訊，展示你工作的緊迫感和重要性，同時客氣地提出困擾和需求。

7 需要主管給意見時，讓他做選擇題而不是申論題。這是在幫他聚焦問題，也是在幫自己更快地得到回覆。

8 遇到自己解決不了的問題，有效率的求助邏輯不是「主管，我做不了，你來」，而是「請指條路，我繼續做」。

9 「逼」主管做事的一個理想思維是，想想他手頭的工作裡哪些你能幫上忙。等你把能做的事都做完，就差他臨門一腳的時候，他自然退無可退。

10 有什麼是你能幫到主管的？答案是：把團隊之外的資源和經驗引進團隊，幫團隊「爭取效率」。做到這一點，恭喜，你已經有了「主管自覺」。

11 前面說的所有方法都遵循一個大前提：你的主管發自內心地信任你。取信於人就兩個字：可靠。**可靠的意思是：凡事有交代，件件有著落，事事有回應。**

第 19 條

如何和支援部門打交道？

❶ 把支援部門（人力資源、財務、法務、風控等）當自己的顧問用，多徵詢建議；別把支持部門當警察用，出了事才報警。

❷ 換句話說，如果你主動「發球」，早早地把遇到的問題拋給他們，他們就能幫忙你；但如果你被動「接球」，等他們找上你，他們就是限制和審查你的。

❸ 在對話中掃描自己的「概念盲區」，以此為樂趣。法務依循的是法律法規，財務依循的是會計準則，這些專業人士學習和掌握的東西與非專業人士的直覺差別特別大。如果你覺得和支援部門打交道很枯燥，就要求自己：從談話中找出一個他們說的陌生專有名詞，請教他們是什麼意思，向他們展示你的好奇和善意。

❹ 這樣做還有一個好處，就是你逐漸學會了怎麼從專業人士的角度來理解業務，也能從業務的角度來理解管理控制的要求。恭喜你，你滿足了晉升為管理層的一個必要條件。

❺ 主動給支持部門提改進建議，特別是那些能幫助他們提

高效率、擺脫無效努力的建議。請相信，他們也不想天天盯著你。

6 複雜問題的討論要視覺化。支援部門和你的工作語言不一樣，很容易說著說著就亂了，更可怕的是誤認為取得了共識。所以討論時要用白板，拆解流程中的交叉點。不只是在結論上達成共識，更要在交叉點上達成共識。

7 在所有支援部門中，人力資源部門較為特殊，因為他們的首要責任就是為員工提供所需的工作環境和條件。所以，當你遇到挑戰時，主動跟人力同事聊聊。這要比你自己坐在那裡苦思冥想有用得多。

8 完成一個重大項目後，別忘了主動向支援部門的參與者致謝。如果有正式的檢討和慶功活動，也要邀請支援部門的同事參與。

第 20 條

如何找跨部門的同事解決某個問題？

1 先問清楚應該去找誰。如果身邊的同事都不清楚，直接在工作單位的大群組裡請教：「我要解決 ×× 問題，請問是哪位同事負責？」

2 站起來，走到對方座位旁邊，當面談。

3 如果是第一次打交道的同事，向對方做個自我介紹，並且要讓對方知道，圍繞著這個問題的相關部門和人員都有誰；如果需要擴大討論範圍的話，應該找誰。

4 切忌以「這是 ×× 主管提出的」作為溝通的起點。**誰負責、誰落實。反過來也成立，誰落實、誰負責。**

5 從幾個不同角度衡量你的問題：你能不能一次性向對方講清楚你對這個問題的界定，以及這個問題的影響、時間緊迫性和需要達成的目標。當面說一次，如果不是當場能解決的問題，Email 再通知一次。

6 不要怕得罪人。如果你判斷在小範圍內不能解決問題，第一時間向你的主管求助。

7 尊重對方的工作排程，跟對方一起確定合理的解決問題的時間，不要欺騙、嚇唬對方。

8 主動追蹤進度，直到問題被真正解決。

9 在部門或者單位範圍內報喜。我在前面講線上溝通相關內容時也提到了這一點，要告訴更多人這個問題解決了，而且因為這個問題的解決，之後團隊的工作會有什麼進步。同時不忘感謝相關人員。

第 21 條

如何安排任務給他人？

▼

1 無論你說得如何充分，對方都會「丟」一部分資訊。要抱著「他一定會丟資訊」的心理準備來安排任務。

2 被安排工作的對象不見得是下屬，你也會遇到要給平行同事，甚至是主管的情況。這個工作的依據不是你的權威，而是你的責任。你越認真，對方越認真。

3 一個對方可執行的任務滿足一個公式：

可執行的任務＝目的＋目標＋動作＋達標標準。

安排任務時，可依照此公式來進行。

4 先交代目的，讓對方清楚地知道這個任務的目的是什麼，這樣對方才能在執行中主動想辦法做得更好。還是那句話：清楚自己戰鬥目標的士兵是無法被擊敗的。

5 要有明確的目標。在我們公司，它意味著目標「有衡量標準」且「盡量單一」。要避免任務有多個目標，「我要……我還要……最好還能……」意味著它很難被執行。

6 動作要求不能過細，**只強調關鍵動作，非關鍵動作允許**

有彈性。

❼ 針對達標標準，而不是最佳標準形成共識。每個任務都應綜合考慮效果、效率、成本和長遠價值等要素。由於不同的人對要素的偏好不一樣，很容易出現執行偏差。所以，大家先要就達標標準形成共識，在此基礎上才能追求更好。

❽ 安排任務給別人時，切忌自己說完就走，記得讓對方把任務再說一遍。如果對方是你的主管，那麼你可以用一個委婉的問題來引導：關於這個計畫，您看在過程中需要我怎麼配合？

❾ 安排工作給他人，還有跟進的義務。要追蹤對方的執行過程，直至目標達成。

第 22 條

覺得自己壓力大，怎麼辦？

❶ 壓力是公平的，真正做事的人，沒有人能夠置身事外。你從座位上抬頭看，目光所及的每個人壓力都很大，區別只在於不同人掩飾焦慮的能力不同而已。堅信這一點，就不易起怨懟之心。

❷ 壓力的根源是「無能」。因為沒有足夠的掌控力來影響事物的走向，所以會產生強烈的不安全感。**調節壓力的關鍵，不在於消滅壓力，而在於提升能力和掌控感。**

❸ 每天工作結束，從細節中抽身，以更高的視角回溯目標，自我檢討進展，有利於提升掌控感。

❹ 去跟製造你壓力的人聊聊，說出自己的困擾。永遠用最直接的方式面對壓力源，很多時候你會發現，有壓力可能是因為自己「想太多了」。

❺ 壓力無法被替代，注意力可以被轉移。到壓力難以承受之際，離開座位，去玩一小時遊戲，劇烈運動半小時，都有補血效果。雖然問題依然在，但不妨緩口氣再來。

❻ 如果壓力影響睡眠超過兩個星期，及時尋求醫療資源的

幫助。

7 人體是一個「反脆弱」系統，能恢復過來就是反脆弱會變得更強大。對於高手來說，高水準的休息能幫助恢復戰略性的地位。不妨多問問單位裡看起來狀態不錯的同事們有什麼減壓方法。

8 最會消耗自身能量的事情是和怨氣沖天的人在一起。為自己著想，不要聚在一起發牢騷。

9 最能補充自身能量的事情其實是做創造性的事情，而不是休息。創造性的事情有很多種，找到最適合自己的。

10 對抗壓力其實是一種可以透過訓練增強的能力，給自己設計一些極端測試，看看自己忍耐的極限在哪裡。比如要求自己每天優先處理一件特別畏懼的事情。

11 職場壓力和生活壓力無法互換消解，別把壓力釋放錯了地方。

事情超出了自己的能力範圍，怎麼辦？

1 一旦發現事情超出了自己的能力範圍，人很容易打退堂鼓；不是不想做大事，而是怕丟臉。但請記住以下這條人生經驗：**一件事如果猶豫做還是不做，選「做」。雖然做了也可能會後悔，但這種後悔和因為「能做而沒做」所產生的一輩子的妄念相比，壞處小多了。**

2 要有目標感。別站在起點看，站到目標的那一端回頭看。用目標來整合一切過程中的資源和人。

3 走著瞧。目標再大，起點都是小事。先動手做，做著做著若外部條件出現變化，或者掌握更多資訊，自己做決定的能力就強了。

4 不當「孤軍」。你要承擔的責任是全部門甚至全單位的，不是你一個人的。那麼，廣泛地求助，包括把自己做不了的事交給別人。這是你的權利，更是你的責任。

5 用好你的「救生員」。我在前面也講了，職場上總有那麼幾個關鍵時刻能拉你一把的人。遇到難事請教「救生員」，然後不打任何折扣地去落實他們的建議。

6 建立一個屬於你的基本控制點。一個大專案裡會有很多人、很多問題、很多變化，如果完全靠應變，那誰也承受不了。必須建立一個「不變」的控制點。從經驗看，**一個被嚴格遵循的專案進度表、一個定期面對面開會的機制、一個對分段目標的核查通報制度，都是控制點且都能見效。**你要盡全力維護這個控制點的權威性，但你的控制不應該是對人的，而是對事。

7 遇到突發的變化，別激動。給自己幾分鐘冷靜一下，判斷這個變化是不是實現目標的更好方式。如果是，擁抱變化；如果不是，帶著目標和相關人再討論一下。

8 「善用」關鍵決策人。如果你管不了所有人，那就向上求助，取得關鍵決策人的信任和指導。

第 24 條

如何在職場中做好時間管理？

❶ 時間管理，從來不是在工作時間和生活時間這兩個時間區塊之間做取捨。時間是一個不間斷、不回頭的「軸」，做好時間管理的前提，就是把所有項目納入同一個軸裡，只有優先順序排序，沒有此消彼長的平衡。

❷ 養成每天列工作計畫的習慣，不是為了給主管看，只為了培養自己的覺察能力。一個進階的工作習慣是每個月撥出兩個小時，列一遍重要事項清單。需要注意的是，清單事項要用能勾選的模式。每完成一項就打勾，是你能給自己創造的一個「最小化正回饋」。

❸ 比提高效率更重要的是做減法。把嚴重消耗時間的低產出項目從自己的時間軸裡刪掉。比如，有人經常要取用資料，用 Excel 花費很多時間，那麼就可以下決心學基礎程式設計，把製表工作徹底從時間流裡剔除。

❹ 做一個有覺察的人，對自己一天中的能量狀態和任務進行合理匹配。比如，「晨型人」提前一小時進辦公室，在無打擾的環境下集中處理一天中最難的工作。再比如，如果你一定要在完全安靜的環境裡才能處理某些工作，就想辦法營造這樣

的空間。

5 把「多頭作業能力」作為一項刻意練習。這不是簡單的一心二用，而是在時間流裡開著後臺，運算多個專案──前臺專注處理的只有一個，但後臺並行思考和儲備的可以有多個。這樣，當前臺出現任何變化時，就可以調取後臺的其他項目來替換或者合併。練習這個能力的最佳方式是爭取管理複雜專案的機會，每個複雜項目都會逼你進行多方面思考。

6 找到可以授權和協作的人，積極「傳球」。職場的特點是團隊作戰，開展工作時要如足球場上的「中場發動機」，不僅自己善於帶球突破，還要眼觀四方，隨時準備傳球。及時請別人幫忙，能讓自己更聚焦於主線任務。

7 對於支線問題，努力提高自己的容忍度，允許一些事情「60 分就好」。比如內部開會用的 PPT 就不必費心思做很多動畫效果，整理會議紀錄時資訊準確比文字漂亮更重要。

8 把每天的工作分成「大戲」和「小品」。「大戲」就是那些挑戰性高、優先順序高的專案，給「大戲」在計畫表上留出足夠多的時間。「小品」就是那些必須要做，但又不費腦的項目，只列在工作計畫裡，但不鎖定時間，見縫插針的做。「大戲」必須今日事今日畢，「小品」允許延遲 24 小時。這樣就能讓自己既有紀律，又有彈性。

9 永遠別把日程排太滿，給自己留出獨處和思考的時間。

發現身邊有人出錯，怎麼辦？

❶ 當下發現，當下提醒。針對行為，不針對個人。態度越直接，就越屬於對事不對人。態度越模糊，就越屬於對人不對事。

❷ 如果是同事做錯事，善意提醒一次。如果對方拒絕接受，就不再提醒，不讓自己陷入別人的錯誤中。

❸ 以對方是因為無知而犯錯為前提。在提醒的時候要解釋、示範怎麼做是對的，而不是抓著他的小辮子說他做錯了。

❹ 對於拒絕改正的人，你可以私下向許可權更高且信任度較高的人反映情況，請他們關注這一問題。每個主管都會感謝這種願意幫他操心的人。但一定要當下就辦，避免事情過後很久才說，那就成了打小報告。

❺ 如果是下屬做錯事，要分析這件事是不是因他的能力問題而起。能力問題要先培訓和教導，也就是解決「會不會」的問題。

❻ 如果下屬拒絕被糾正，坦率告知後果：影響對個人的評價、影響工作機會等。情節特別嚴重的，請求人力資源部門將

此人調離。

7 多幫助大家解決問題，但絕不幫助任何人掩蓋問題。

8 如果有人請你幫忙掩蓋錯誤，可以溫和地拒絕：「如果你需要的話，我願意幫你一起解決這個問題。」如果對方是透過微信等方式提出請求，可以直接不回覆。

發現自己可能犯錯了，怎麼辦？

1 誰都怕自己犯錯，但誰都會犯錯；誰都會犯錯，但大部分錯誤都可以被糾正和補救。所以，把得失心放下，專注於「事情怎麼辦」而不是「我怎麼辦」。

2 唯一不能被原諒的錯誤是試圖掩蓋錯誤。

3 一旦覺得自己可能犯錯，要立刻拉警報，主動向你的主管和同事預警，這是保證錯誤在第一時間被糾正的唯一辦法。

4 犯錯後，如果遇到一頓劈頭蓋臉的批評，你應該感到慶幸，此時的責難都是對事不對人的；如果沒有批評，反倒對你客客氣氣，那你可能要小心了。

5 學會提前思考失敗。遇到一個很難但有可能實現的想法時，先思考可能致使失敗的最大原因是什麼。如果這個原因能把想法推翻，謝天謝地；如果不能推翻，代表它沒有致命缺陷，也就可以專心攻克其他暴露出來的問題了。

6 凡事做記錄，包括犯錯記錄。記錄的過程中還可以再一次思考，檢討會讓你進步更快。

7 要求自己：盡可能不犯重複的錯誤。

8 如果身邊有人因為犯錯被嚴厲地批評了，你可以這麼說：「我聽說了你的事。如果有什麼我能幫忙的，我隨時都在。」這是心理學家的研究成果，面對別人的不幸，最有效的說話方式一共就兩句：第一句，告訴他你知道了他的不幸；第二句，提出幫助。除此之外的做法，比如和他一起抱怨，都不要做。

第 27 條

如何回應別人給自己提的意見？

1 心胸開放。仔細聽提意見的人有什麼要說，別打斷。

2 繼續保持心胸開放，管理好自身情緒，努力克制不為自己辯護。這和第 1 點相同，重要的事說兩遍，因為知易行難。

3 輪到你說話時，先問清楚自己做了什麼，對對方造成了什麼影響。這一招是主動管理對方的情緒，告訴他「無論如何，我很在乎你的感受」。

4 把對方的意見用自己的話重新表達一遍，確認準確與否，澄清含糊之處。這也是在向對方傳達你認真聽了的信號。

5 消化意見，聚焦於對你有價值的部分，關注它能怎麼幫你改進。記住，**是否使用和怎麼使用別人的意見，決定權在你。只要有理性思考，你也可以選擇不接受。**

6 如果你願意聽取意見，接下來要制訂改變計畫、執行計畫、跟進計畫，並把這些計畫告訴對方。

7 如果面對面溝通時有未盡事宜，不要偷懶，事後可以補寄一封 Email，把自己想說的意思補充到位。

第 28 條

如何正確的表達反對意見？

1 為什麼你覺得表達反對意見很難？這和你要反對的對象是誰有關。如果是反對平行或者下層的意見，沒人會覺得難吧？覺得難通常是因為自認「得罪不起」這個人。

2 所以，表達反對意見的第一步，是相信對方有基本的雅量。

3 想一想自己反對的是什麼。是目標，是時機，是人，還是某個具體的辦法？澄清你的反對。

4 直接說具體的反對意見，不要試圖在前面做鋪陳或者在後面做平衡。

5 反對時最好帶著不同的方案。實在沒有當然也可以反對，不過，最好主動聲明：很抱歉我沒有新辦法，但是我還是想指出一個我不同意的地方，希望能有幫助。

6 不要扣帽子、貼標籤。比如，不要引經據典地表達反對意見，更不要引用不在場的人的言論來支持自己的觀點。

7 在多人場合，表達反對意見的壓力真的很大。這時可以

採取「補充資訊」的方式來表達——積極地告訴對方，你了解的一些其他資訊，可能有助於大家把問題考慮得更全面。

8 表達反對意見務必不帶負面情緒。開口之前提醒自己慢慢說、平靜地說。

第 29 條

如何拒絕一項自己認為不合理的要求？

1 如果是道德和原則問題，堅定地拒絕。

2 如果是工作問題，不要用「No」來拒絕，應該採取「Yes, if」大法。舉個例子：「明白你的要求（Yes），為了把這件事做成，我能不能得到某個支持（If）」。

3 「Yes, if」我們在前面講過，它本質上是把不合理要求置換成合理化的機會。既然大家關注的都是結果，那麼為了達成結果，過程中資源的投入方式是不是可變的？如果投入方式變了，是不是就合理了？

4 仔細分析這個要求不合理在哪。是資源不夠，是時間不夠，還是時機不成熟？就具體問題進行討論，尋找有沒有更好的解決辦法。

5 不「上頭」（往心裡去），不視為陰謀論，不把不合理的要求視為他人對自己的「不公平」。

第 30 條

跟同事發生摩擦,怎麼辦?

1 當面談,馬上。

2 建立一個信念:80%的摩擦都是誤會造成的。不要做有罪推定,不要有被害妄想。沒人對你有偏見,沒人故意想找麻煩。

3 不要怕衝突。衝突會暴露出我們工作流程和工作方法中的不足之處,幫助我們解決那些容易被忽視的問題。

4 衝突的另一個正面作用是治好拖延症,逼我們不得不第一時間解決問題。

5 務必讓對方看到你的態度:很嚴肅,但不為此抓狂。抓狂通常表現為抱怨和憤怒,它的另一個名字是「無能」。

6 「服不服」、「誰對」都不是目標。凡事以解決問題、推進節奏為唯一目標。

7 先洞察,再行動。洞察對方的訴求,是解決問題的前提。洞察對方訴求最好的方法,是問而不是猜。可以看看《非暴力溝通》和《溝通的方法》,學習怎麼用溝通來解決問題。

8 溝通之前想好哪些是可以讓步的，哪些是假裝不讓步但最後可以讓步的，以及每一次讓步要交換什麼條件。

9 如果未來你們還有頻繁的工作交集，或者要一起做事，不妨在這次矛盾解決後，商定一個未來共事的方法，劃定邊界，求同存異。

10 日常要有意識地管理自己的人設。寧可經營一個「過於直接」、「不買帳」的印象，也不要留下一個「討好型人格」的印象。

11 高手都打明牌。

第 31 條

同事私下表達對部門的不滿，
而自己在場，怎麼辦？

❶ 不附和，是最小化地自我保護。

❷ 不傳播，是最小化地保護同事。

❸ 如果對方就是對著你一個人傾訴，退無可退，那麼你的重點應該是幫他想辦法「用正確的方式反映情況」，而不是「解決他的抱怨」。怎麼用正確的方式反映情況，可以看看下一條職場攻略「對工作單位的某項規定有不滿，怎麼辦？」

❹ 如果對方是你的朋友，你真的想幫他，那麼你可以從「遇到類似的情況，我自己的應對辦法是什麼」的角度講，而不是直接告訴對方「你該如何如何」。

❺ 萬不得已，對情緒做回饋，而不是對內容做回饋。「我能感受到你是真生氣了」就是對情緒做回饋的萬能句式。

❻ 對方如果希望你和他一起抱怨，甚至是讓你替他去反映情況，別上當，此人品性不好。

❼ 可以跟對方說：「找機會我幫你去說說」嗎？可以，

只要能把你從抱怨中解放出來就行，事後對方十有八九不會跟進。但如果對方追問你，你可以說：「還沒找到合適的機會。」

第 32 條

對工作單位的某項規定有不滿，怎麼辦？

1 做個君子，坦蕩蕩。如果這項規定讓你非常困擾，甚至影響了你正常工作的開展，直接向能夠影響這項規定的人或者部門反映你的訴求。

2 想想自己為什麼會有這個不滿。**如果這項規定可以修改的話，你希望修改成什麼樣。**

3 如果你很糾結，先找主管或者信任的老同事私下問問。

4 相信制定規定的人也是經過思考的，不是壞人也不是傻瓜。抱著開放的心態，多聽聽別人是怎麼考慮的；也抱著開放的心態，多說說你自己是怎麼想的。

5 要嘛努力解決問題，要嘛努力接受現狀。如果既不想解決問題，也不想接受現狀，還可以選擇離開。不做無謂的抱怨。

6 記住，職場沒有祕密，你發的牢騷一定會以某種方式傳到別人耳朵裡。

7 開口抱怨前，想想如果要公開說，你會不會這麼說。如果答案是否定的，就別這麼說。

⑧ 絕不以任何形式在社交媒體或網路社群抱怨單位內部事務。這不是對單位影響不好的問題，而是長期來看對你自己的影響不好。

第 33 條

覺得主管不公平，怎麼辦？

1 一個心法：強行默認主管是公平的。

2 如果堅持上面這個心法，你漸漸會發現，他其實是公平的。因為你的目標越單純，你的能力提升得就越快；沒有一個主管會傻到對底下的得力員工不公平。

3 你的受重視程度，本質上源於你的專業和能力。如果你長期感受到不公平，那麼大概是你的本事還沒練夠。

4 拿一張紙、一支筆，寫下你認為主管不公平的具體行為表現。請注意，不是感受，而是可以明確寫下來的行為和事件。

5 看著這些行為和事件，反思一下，你自己是否有可以改進的地方。如果有，不妨拿著你的「心路歷程」跟主管聊聊。這樣，有誤會可以澄清，沒誤會也可以展現你的坦誠。

6 如果你覺得自己已經做得夠好了，那就帶著你寫出來的這張單子和你的困惑越級聊一次。只是請有信任關係的大主管（未必是你們部門的）一對一給你一些成長和人際關係方面的指導，不求對具體事務的安排。在我們公司，這樣的員工輔導工作是完全合理的，不會對你造成任何負面影響。如果你是在

傳統產業或者國營企業工作，這則建議慎用。

7 有一種特殊情況：如果你認為你的上級已經觸犯了工作單位的制度和規定，那麼不必替他遮掩，向人力資源部門反映情況即可，當然你也可以要求他們為你保密。

如何進行投訴？

1 如果你認為自己遭受不公平、違規的對待，而且靠常規溝通解決不了，別糾結，先向人資部門投訴，至少有了備案。

2 呈送證據，沒有證據的話，整理一份事實陳述。請注意，只呈現事實，而不是感受。你的感受很重要，但是辦事部門無法就你的感受進行核實。

3 冷靜地提出你的訴求，讓相關同事知道該怎麼幫助你。

4 在整個過程中，除了受理投訴的相關人士外，不要在更大的範圍內將同事捲進來，這可能會讓事件的處理複雜化。

5 相信人力資源部門同事的公正性。如果他們建議你和當事人透過直接對話的方式來解決問題，你可以要求人力資源部門負責此事的同事在場見證。

6 如果你要投訴的是人力資源部門本身，可以向工作單位的高層主管直接提，原則和方式同上。

7 如果要投訴，盡可能早地去做。如果在很久之後才提出，很可能會因為缺乏核實的管道和證據，而無法成功維權。

第 35 條
覺得主管的能力或者決策有問題，怎麼辦？

1 判斷主管的能力有沒有問題，不是拿他跟其他主管比，而是以你自己為基準，看你能不能從他身上學到東西。

2 拿一張紙、一支筆，把你認為對方有問題的具體事件或者表現寫下來，看看是自己的感受還是確有其事。這跟職場攻略第 33 條「覺得主管不公平，怎麼辦？」（P.313）裡提到的是同一種處理方式。

3 覺得主管的某個決策有問題，你有不同意見，能在會議上公開說的，就在會議上說。

4 沒來得及或者不方便在會議上說的，會後盡快找主管當面說，但是切忌跟其他人私下說。

5 別太糾結於此。能力強不強是他的事，怎麼發展得更好才是你應該關心的事。大不了可以申請調部門。

6 在申請調部門前，一定要非正式地和主管聊聊，感謝他對你的培養，聽聽他對於你未來發展的建議。

7 調部門時要尊重本團隊的時間節奏，做好交接、做好

最後一件事。關於調部門更詳細的建議，可以參考職場攻略第
44 條「如何提出調部門的需求？」（P.334）

第 36 條

如何和主管一起面對部門以外的人？

▼

1 主管首先是同事、是戰友，其次才是主管。把主管當作並肩戰鬥打勝仗的一個戰鬥單位，而不是要消耗你戰鬥力的服務人士。

2 切忌「刻意巴結」，當然也不能貶損主管的權威。你可以把主管視為一位值得尊敬的老師或專家，敬重但不諂媚。

3 在外人面前要格外尊重主管，這是為了向對方傳遞「我們很重視這項工作」、「我們水準很高」，而不是為了討好主管。

4 幫主管做好準備，包括提前向他介紹要面對的人的情況、要解決的問題的背景資訊等等。

5 除了需要相互幫忙的情況，不要做任何服務於個人的舉動，比如替主管拎包、給主管端茶倒水、刻意照顧主管的私人需求等等。這樣做不僅影響你和主管的個人形象，在外人面前還會貶損工作單位的形象。

6 不要在外人面前展示你和主管之間的私人關係，比如講只有熟人才懂的笑話、談及不在場且與正在進行的工作無關的

其他人等等。

7 如果主管有不當之處，可以傳訊息私下提醒。如果這種不當會影響與對方的交流合作，則應該當場以溫和的方式重新表達，幫主管把關、攔截問題。

8 可以在主管面前讚美外部合作者，但不要在外部合作者面前讚美自己的主管。

9 對於這條職場攻略，我知道有人會提問「在傳統產業內適用嗎？」。相信我，做一個光明磊落的下屬，襯托你的主管是一個堂堂正正的主管，是你對主管最好的保護和尊重。

如何處理和工作單位乙方的關係？

❶ 能不產生私人往來，就不產生私人往來。跟乙方關係越單純越好。

❷ 我們當然不反對和朋友合作。但是，如果與某個合作者有私人交情，要提前向主管聲明，並在涉及報價、簽訂合約、付款等敏感環節時主動迴避。這不僅是為了公正，也是避免在處理商業利益時誤傷友情。

❸ 絕不利用自己的工作便利，為乙方的業務牟取不正當利益。

❹ 絕不接受乙方提供的任何私人利益，包括禮品、禮金、特權、請客等。如果有乙方不聽規勸，要主動終止與其合作，並將它從供應商名單中剔除。

❺ 乙方提供的紀念品、體驗裝備等，一律交給單位人力資源部門處理。

❻ 盡量避免與乙方共同用餐。如果由於特殊原因，與乙方共同用餐，在我們公司是嚴格要求員工主動負責結帳的。

7 把每一個乙方都視為該領域的專業人士，尊重對方的專業，以從對方身上學到新東西來要求自己。

8 對於專業能力很強的乙方，要主動在各種合適的場景宣傳他們的成績，並在對方需要我們背書的時候積極配合。成就人，點亮人。

第 38 條

如何處理外人對自己所屬部門的不滿？

❶ 如果是你們（產品或服務）的使用者表達不滿，應立即表明身分，把問題先接過來。如果自己解決不了，就在部門或者單位裡發起求助。你有義務跟進過程，直至對方的問題得到解決。

❷ 如果是與單位業務無關的人發表不滿意見，要區分對方是有事實問題，還是要發洩情緒。面對事實問題，先核查，再澄清。面對情緒問題，看不同單位的處理原則。比如，我們公司支援員工選擇不處理。當然，如果你覺得自己心理能量足夠大，也可以感謝對方的意見，告訴他「我們會繼續努力」。

❸ 如果是媒體和網路平臺上的負面聲音，不要直接對話，反饋給單位負責相關事項的專業團隊跟進處理。

❹ 如果是供應商、合作夥伴有所不滿，可以私下提醒跟他們連繫的同事，請同事直接與對方溝通，釐清問題所在，消除誤會，按照合約和制度規定執行。

❺ 任何時候不拖欠任何合作者的款項。主動保護合作者的合理利益，主動宣傳優秀合作者的品牌，努力成為別人的重要

客戶。

⑥如果有人透過私人關係向你打聽你們單位的內部事務，比如人員資訊、薪資獎勵、管理制度、業務資料等，應在第一時間告知對方，除了單位（產品或服務頁面上）呈現的公開信息，你不能回答這些問題。但單位對此有正規的交流管道，對方需要的話，可以介紹同事給他。這就避免了不適當資訊的傳播擴散。

如何和部門以外的人約一場會議？

❶ 一切會議均應以取得共識為目的，也只有在需要取得共識的時候才約正式會議。

❷ 無論對方是誰，都要抱持服務之心來安排會議。先向對方徵求三個備選時間，再跟內部同事協調，最後與對方敲定。整個過程如果超過 24 個小時，對方的時間安排可能會有變化，所以要盡快協調。

❸ 會議地點的選擇是門學問，遵循兩個標準：第一，以所有人的時間總支出為依據，在哪裡開會能節省更多時間，就選哪裡；第二，考慮核心與會者的情況，以他們的便利為優先。

❹ 如果是在與會雙方主場外的地點開會，會議召集人必須對該地點的設施、條件有充分的瞭解，開會當天應提前到現場檢查和準備。

❺ 確認時間和地點後，要向所有與會人發送會議邀請，還要把會議連絡人的電話號碼告知與會人，同時確保這個電話號碼處於隨時可以接通的狀態。

❻ 會前多做預先交流。**共識不能只依靠開會本身獲取，在**

會前就要有充分的溝通基礎。會議上如果有極其重要的目標需要達成，或者有特定的資訊需要了解，應先與核心與會人進行一對一的交流。

7 會前還可以安排「破冰」，比如請相應的負責人提前15分鐘陪同對方參觀一下單位，或者一起喝杯咖啡非正式地聊一會。這樣能保證在會議正式開始時氣氛更熱烈。

8 無論我方有多少人參會，都要保證內部資訊經過充分同步。

9 為避免遲到，不要把自己當天的行程排得太滿，以防任何一個行程拖延導致後面行程的集體崩潰。

10 要關注會議整體的體驗。為與會者準備飲用水、小紀念品，靠近用餐時間的會議提前詢問是否需要工作餐等，都是會議召集人應該考慮的事情。

11 會議結束後第一時間發出會議紀錄，並和對方約定後續工作的推進方式。

如何處理部門以外的人給你個人提供的好處？

1 如果有人要給你提供好處，但是你判斷此人與你的工作存在潛在利益關係，那麼應該態度堅決地予以拒絕。

2 如果自己判斷不了是否應該更嚴謹地處理此事，可以諮詢公司的人力資源部門。

3 除了人力資源部門的專業同事之外，避免與其他同事討論這些問題，因為他們很可能會因為不好意思影響你的個人利益，不知道該給你怎樣的回應。別讓他們為難。

4 無論他人提供的好處是什麼，都要清楚這些好處不是無目的的。覺得自己禁不住誘惑的時候，去翻翻法律條文和單位規章制度。

5 雖然絕對不可以接受這些好處，但仍要向對方表示感謝，並且善意提醒他注意與你們單位合作中的界線。

6 避免在單位以外的人面前談及私事，或者個人面臨的問題，以免被對方誤會你在索取好處。比如你隨口說一句「為了結婚買新房，我正到處借錢」，很可能會被對方誤認為你在暗示什麼。

7 避免在單位以外的人面前做出情緒化的負面回應，比如無依據地否決對方的提案、威脅對方不續簽協議等。這些行為容易讓對方感覺到你在有意刁難，從而誤會你在索取好處。

8 你的拒絕一定要留存證據，以防後續產生糾紛。

開始工作後如何繼續進修？

1 工作以後的學習，第一要有突破，第二得有里程碑。有突破意味著你不是總在同一高度低水準重複，而是能基於過往的學習成果繼續往上走。有里程碑的意思是，你能將大目標拆分成循序漸進的子目標，並且清楚地知道自己能在什麼階段交出什麼樣的成果。

2 每個階段有每個階段的學習任務。30 歲前建立對社會的常識性認識，不做錯得離譜的決策，就已經是勝利。30 歲後要加速專業積累和精進。

3 有效的學習一定要有成果，沒有成果的學習都是假學習，因為沒有辦法驗證，很可能是在做低水準重複。

4 階段性任務告一段落之後，一定要產出一些內容，比如一篇分析報告、一個項目策劃、一篇媒體公關稿等。

5 學習應該有節奏、有計劃。腦子裡要有這個概念：不可能第一天就會，也不可能永遠不會；累積是需要過程的，但開竅往往是一瞬間的。平時應該有意識地累積，為「臨界點」的到來做好準備。

6 學會借鑑別人的經驗，比如接到一個新需求，先快速看看別人、別的組織是怎麼做的——我們畢竟不是像馬斯克造火箭那樣，問題都是前人沒遇到過的。

7 善於學習、喜歡觀察別人怎麼做，在此基礎上還應該思考：「如果是我，我會怎麼做」。

8 記住你是自己成長的第一負責人，周圍的人都只是但也都能是你學習的資源。

第 42 條

如何為自己爭取升職的機會？

1 提升職場能見度。沒有能見度，基本上等同於這個員工沒有影響力，主管對他升職後可以創造更多價值這件事沒有信心。

2 讓你的名字與一個正面能力相掛鉤，並且能夠被影響者、評估者、決策者們記住。例如：口才特別出色、對數字特別敏感、執行力特別強等，讓別人一遇到相關問題，就能想到你。

3 參加跨部門合作的專案，讓更多同事認識你。

4 了解單位的需要和主管的期望，搞清工作重點。當接到一個新任務，或者到達一個新崗位時，首先處理單位和主管認為重要的事情。

5 培養看大局的能力。先了解目的，後採取措施；先進行分類，後一個個解決；先考慮整體，後處理細節。要掌握一個思維工具：帶著比你目前級別高一級的視角去思考問題。

6 每個項目結束後，都要總結長處和短處，避免「同一個問題錯兩次」。

7 當你做重複的工作時，試著用不同的辦法去做，找到更好的辦法。

8 不斷提升自己的職場價值，升職只是副產品。

9 平時找機會跟主管一對一地聊聊，比如「我特別想讓我們單位有長期發展。請教一下，從您對我的了解來看，我應該在哪些方面多做些努力？」或者「我達到什麼水準，才符合您對那個職位的用人要求？」而不是在晉升時機到來的時候才想到去找主管。

第 43 條

如何跟主管談加薪？

1 談加薪其實是跟主管和單位的一次「談心」，它可以是一件共贏的事，前提是你做好了一切準備。

2 想清楚加多少錢。比較好的方法是參照同行業相同職位或者類似崗位的薪酬標準。另外還要留心工作單位一般的工資漲幅是多少。

3 找足加薪的理由。先列出工作成就清單，從最近完成的工作往前推。工作描述要具體化，假如你參與了一個專案，就要講你在其中擔任的角色、怎樣推動專案的進展等，越具體越好。

4 找對時機。理想的談加薪的時間應該是每年底做工作總結之前，還有每個季度回顧工作的時候。

5 如果不涉及晉升，找直接主管談。談的時候先回顧過往工作，更重要的是向主管表示，你還看到了一些經營或管理上的機會，你希望有機會在這方面得到鍛鍊，並且你可以把這件事做得更好。

6 最好的姿態不是「我為這裡付出了這麼多，我應該多

拿點」，也不是「如果不加薪，有多少好公司等著我」，而是「我有一個更好的計畫，我願意為單位付出更多，請用錢激勵我吧！」

7 如果主管同意加薪，皆大歡喜。如果主管表示不確定，不妨直接問：「我如何才能獲得更多的薪水？我應該在哪些地方創造更多價值？」即使暫時無法實現，這也是一個了解對方期待的重要溝通手段。如果主管表示沒想好，至少這件事開了個頭，他會開始思考什麼時候把你的加薪提上日程的。

8 如果你在傳統產業內或者國營企業工作，此條職場攻略不適用，因為這些組織有更嚴格和固定的薪酬制度。

第 44 條

如何提出調部門的需求？

❶ 先查好工作單位的相關制度，看自己是否符合輪調鍛鍊的條件。如果符合，直接請求主管和人力資源部門把自己放到輪調候選名單裡。

❷ 如果不符合條件，但自己又想調部門，就要釐清調部門的原因和訴求，請直屬主管先幫你出主意，確定之後再提交給人力資源部門。只有釐清訴求，別人才知道該怎麼幫你解決現在的問題。

❸ 如果只是因為人際關係問題希望調部門，那麼你要清楚，這相當於給人力資源部門、上級主管和接收部門都出了個難題。只有在你的業績和能力都非常出色的情況下，這種調部門訴求才有可能被支持。

❹ 除非你和直屬主管有矛盾，不然第一個知道你的調部門請求的應該是你的直屬主管。如果你在他不知情的情況下提出調部門需求，首先你們的信任關係會遭到一次嚴重破壞；其次如果他不同意調部門，其他人也很難推進這個安排，你在這個單位的處境就會變得很尷尬。

5 如果自己對某個職位感興趣，可以非正式地跟目標部門的同事聊、跟人資同事聊，但是避免和目標部門的主管直接聊。因為他和你的主管在工作單位是同一個級別的團隊夥伴，很可能會去做背景調查。如果你的主管不知道或者不支持，那就難辦了。

6 調部門時一定要把原先的工作交接好。在正式調部門之後，也要讓原來的主管和部門同事知道，你隨時可以就原有工作承擔責任、幫忙。這不僅是人品問題，也是在經營自己的工作信用。

7 請注意，你怎麼對待原單位、老同事，你的新主管都看著呢！

第 45 條
如何提離職？

1 至少有 70% 的跳槽是非理性的。

2 跳槽前一定要認真思考四個問題：新工作能否帶來我想要的東西？為此決定而失去的東西是我能承受的嗎？新工作中不好的部分我看到了嗎？現在的工作是不是真的沒有價值了？如果想清楚這四個問題，還是決定跳槽，那就不要猶豫，堅定地遞交離職申請。

3 除了人才招募高峰期的三、四月，跳槽的最好時機是完成一個階段性任務、立下點功勞之後。這時候提出辭呈不留埋怨，主管通常也會覺得欠你人情，難以拒絕；而且，「功成身退」對自己的未來身價也是一種加持。

4 具體的辭職時間，最好是在一個月的下半個月。新單位的錄用通知不是合約，仍存在變數。下半個月離職，這個月的保險已經交了，即使新工作出現問題，也還有一段時間可以緩衝。

5 先向自己的直屬主管提離職。越級遞交辭呈或者直接向人力資源部門說，都不得體。越級搞得像投訴；跟人力資源

部門訴說，則好像你和直屬主管的關係已經僵到沒法正常溝通了。

❻ 在正式提出辭呈前，最好先當面做一次情感上的溝通。面對直屬主管，不妨說清楚跳槽的真實原因，再寫封正式的Email。未經溝通，讓主管在晚上要休息時突然收到一封辭職信，非常不得體。而且，和主管的直接溝通，有可能使真正困擾你的問題（也許還是誤會）出現轉機。如果不經溝通就寄辭職Email，就失去了轉圜餘地。

❼ 如果主管要你對你所在的團隊和工作提意見，記住提具體化的意見，別提感受性的。要加薪這種話就更不要提了，那應該是離職的幾個月前說的。

❽ 如果去意已決，在找工作的時候就要和新單位約好，留出至少一定的緩衝期。一方面，這是《勞基法》規定的自動離職期限，大多數公司也會在合約上說明。另一方面，給原單位一個招新人的緩衝期，也是自己職業性的體現。

❾ 記得靜悄悄地走。別人還要在團隊裡繼續工作呢，你高調只會讓他們感到尷尬。當然小型的辭職餐聚完全沒問題，不用鬼鬼祟祟的。

❿ 即使跳槽，也可以和原單位保持情感聯絡。畢竟你累積了幾午的人脈、朋友和行業地位都在這裡。而且老東家可能是

明天的合作夥伴，要為自己留後路。

⓫ 切記一點：不要試圖挑戰競業限制規定。利用自己掌握的商業資訊，做損害原單位利益的事，不僅是不專業的表現，更會毀掉你在圈子裡的名聲，嚴重時還可能坐牢。即使公司沒有跟你簽署競業協議，也要按高標準要求自己。

⓬ 最後的最後，提醒一句：換工作解決不了能力不足的問題，有些問題還是原地修煉更好。

職場攻略精彩總複習

1 在任何情況下，絕對不允許自己說出以下這句話：「我沒什麼準備。」

2 把每一項工作都當成一個作品來完成。哪怕是寫一則活動通知，也要讓人眼前一亮。

3 工作要以「可交付」而不是「我盡力了」為標準。

4 良性的人際關係只有一種：獨立自主，強強聯手。

5 取信於人就兩個字：可靠。可靠的意思是：凡事有交代，件件有著落，事事有回應。

6 可執行的任務＝目的＋目標＋動作＋達標標準。安排任務時，可依照此公式來進行。

7 壓力是公平的，真正做事的人，沒有人能置身事外。調節壓力的關鍵不在於消滅壓力，而在於提升能力和掌控感。

8 走著瞧。目標再大，起點都是小事。

9 做一個有覺察的人，對自己一天中的能量狀態和任務進行合理匹配。

10 永遠別把日程排太滿，給自己留出獨處和思考的方法。

◆ 代後記 ◆
傳燈記

　　這本書的後記是我寫於十年前的一篇文章，至今可能已經有上千萬人在網上看過。在火車站、機場，都曾有陌生人對我說：我讀過你寫的《傳燈記》，很治癒。

　　但我寫這篇文章以及把這篇文章作為後記並不是為了「治癒」，而是想把一個我親身經歷的「好世界」展現給你。

　　從 17 歲踏入社會開始，在我經歷過的職場裡，精進專業，解決問題，點亮別人，傳承精神，是人們不言自明的共識。

　　我在成長過程中幸運地獲得了很多前輩的指點。而今，我也人到中年，我想把我曾經得到的幫助和啟發傳遞出去。

　　只要心頭存著一口真氣不散，路再難、天再黑，總會有人為你點亮某一盞燈。

　　有一個人，傳一盞燈。

　　有燈，就有人。

我第一次當別人的老師時，18歲。記得階梯會議室裡有一個剛參加工作的年輕女孩站起來提問：「如果你覺得四周一片黑暗，怎麼辦？」

那時候，我實在太年輕了，根本沒有理解這個問題裡所蘊含的深意。作為一個初涉江湖輕狂自大的小鎮女子，我那時候只有回答這個問題的投機：「如果你的四周一片黑暗，那說明你自己不是一盞明燈！」

整整十年之後，當我覺得四周一片黑暗時，遇到了我的佛學老師。第一次見面，他題寫了這樣一句話：於暗夜中為作光明。

我一直以為，這是一個命運的隱喻。

第一盞燈：撲來的導師

一

我正式的職業生涯，是從三里屯開始的。1997年，我和我的祖母、我的父親以及除了母親以外的所有親人長輩翻臉。因為我17歲時被送到北京，目的是來念英文，準備去美國讀書光宗耀祖的。但是在北京虛幌了一年，我心野了，鬼迷心竅地認為花父母的血汗錢去讀書這件事太不酷了，於是瞞著家人開始從事一份辦公室小妹的工作，一個月薪資人民幣380元，當時幫自己買了一支10塊錢的奇士美牌口紅和一個50塊錢的小型女用手提包，在打字、接線、買便當、管倉庫的偉大事業中，

心懷宏願的要「證明自己」。

那是一間小小的廣告代理公司，在中央電視臺（以下簡稱央視）附近的辦公大樓裡，租了一間 40 平方公尺的辦公室。我每天要往西穿過公主墳環島的樹林、路過那個後來據說是還珠格格原型的公主的墓地買便當，或者往東走半個公車站，到央視廣告部幫主管送資料。

1997 年，距離央視開始舉辦黃金時段廣告招標會不到兩三年，央視招標會的拍賣額往往是當年經濟的指標，每年的「標王」則是絕對的頭條新聞。那還是一個「不當總統就當廣告人」的時代，做廣告，跟現在研究 AI 差不多，年輕人多，邪門歪道者多，野蠻生長的機會也很多。現在回想起來，真應該感謝那個「不專業」的年代——讓一名高中肄業生也有機會混跡其中。

當時北京廣告界最有名的兩個地方，一個是徐智明老師創辦的「龍之媒廣告人書店」，另一個叫「廣告人沙龍」，是一個騎挎斗摩托（在側邊有斗形座椅的摩托車）的臺灣廣告界老帥哥開的，在中華民族園西門。前者大量引進港臺地區的專業廣告雜誌和書籍，後者是一家酒吧，每到週末晚上就會有廣告圈的名人來辦講座，不收取任何費用。

作為一名認得幾個字，沒有幾個錢的高中生，這兩個地方自然成了我的天堂。換作現在，廣告業已經是一個高度專業化的行業，大概不會再有奧美、電通、李奧貝納[1]的大老闆們，

---

1 奧美、電通、李奧貝納為全球知名的廣告公司。

找個晚上去和小朋友們喝杯飲料、講業務技巧的免費沙龍了吧！

　　某一個深秋的週末，我聽到了時任北京奧美副總經理的湛祥國先生的授課，主題是「如何做提案」。對我來說，「提案」是個高端大器的詞彙，是國際級的廣告公司才做的事，我等本土小公司是不懂得用這個詞的，我們都稱提案叫「匯報」。那天也是我頭一次聽說有個東西叫 PPT。要知道，無論是我們公司還是我們的客戶，當時都還在用 DOS（磁碟作業系統）打字，一間辦公室只有一台電腦，沒人用過電子郵件，所有人對膠片投影機還感到非常新鮮呢！

　　湛先生是個典型的臺灣廣告人，頗具謙謙君子之風。見到他之前，我沒聽過那麼平和、溫良的講話方式。在他講課結束後被聽眾團團圍住的暫時小混亂裡，我鼓足勇氣，混水摸魚取得了一張他的名片。而那時候，我自己還沒資格有名片。

————

　　大約過了一個月，我們公司接到了一家當時已經明顯處於上升期的企業客戶的邀請，將要就一個項目選擇合作夥伴。他們前期談了一些公司，可能沒有太滿意的方案，所以廣撒英雄帖，同時也邀請了我們公司去「交流」。

　　這對當時的我們來說實在是個太重要太重要的機遇，全公司上下馬上動員起來，不眠不休地研究客戶、準備資料。我也興奮得團團轉，只是乾著急攤著手在一旁幫不上忙。看著看著大家忙亂的討論，我內心不安分的小魔鬼蹦了出來：咦，為什

麼跟我在講座上聽湛祥國老師講的不大一樣呢？

也幸虧是個小公司，當我提出這個問題時，大家雖不耐煩，但還是非常友善地反問了我一個問題：「你說該怎麼做？」我：「呃，不知道呀！」

後來我把湛祥國先生的名片翻出來，放在桌子上，瞪著上面印製精美的奧美 LOGO 發呆。大概是發呆了很久的緣故，因為在那之後長達五六年的時間裡，我都能隨口背出奧美北京的總機號碼。

最終，我咬牙忍著緊張，給湛祥國先生撥了一個電話。是他的祕書接的，說他在開會。我不知道該怎麼說，索性用最簡單的方式留言：請轉告湛先生，我是在「廣告人沙龍」上聽過他講課的一名學生，有些問題想向他請教，能否請他回個電話？

沒想到，過了一會兒，湛先生就回電了。於是，我就講了這輩子最傻的一個電話：湛先生，一個月前我聽過您講「如何做提案」。現在我們有機會做提案了，可是我不知道怎麼做，請問您能幫幫我嗎？

也許是我太不敏感或者太緊張，反正我沒有在電話裡聽出對方一絲一毫的訕笑或者不耐煩。湛先生以他一貫的溫良恭儉讓的語氣說：「那我可以請教一下您是哪位嗎？」

「我我我，我叫李天田。」

「好，天田，」湛先生想了一下，說：「我不記得拿過您的名片，對不對？」

我不好意思說我沒有名片，又驚訝於他的記憶力，只好回應：「是的，我沒來得及給您留名片。」

　　「真是非常抱歉，我暫時想不起來您是誰。那次沙龍確實人比較多，也許當時我們沒有機會聊天。您如果在提案方面有什麼問題，我很榮幸可以幫到您。但是，因為這是您公司的事務，所以我不能在奧美辦公室討論這件事。您看是否方便見面談？」

　　我又驚又喜：「當然當然當然！在哪裡呢？」

　　「聽起來您比較著急啊。這樣子好了，我午餐的時間可以離開，我們一起吃點東西，然後看看怎麼可以幫到您！」

　　於是，我心急火燎地抱著我們尚未準備好的資料，從西三環跑到湛祥國先生告訴我的「見面地點」：一家開在三里屯酒吧街上的三明治小店。

　　初冬白天的三里屯蕭瑟、冷清、古舊，大部分酒吧都不開門，絲毫看不出燈紅酒綠。我倒是很容易就找到了那家夾在兩個賣廉價水粉畫的畫廊之間的小店。店面極小，除了點餐的櫃檯，只有兩張矮茶几和幾個小板凳散落著，大概很少有人在店裡吃東西。

　　湛祥國先生居然已經先到了，正在等我。我知道至少該由我來買吃的，但是說實話，我真的不知道該怎麼在這麼洋氣的店裡點一份三明治。湛先生看出我在櫃檯猶豫，輕輕走過來，非常自然地接手了點餐這件事。之後就是我倆一人拿著一塊火雞三明治，蹲坐在門口的小板凳上看資料。

湛先生是個實在的老師，翻了一遍資料，得知我們當天晚上就要出發前往客戶所在的城市，立即告訴我：「思考方向大致上是對的，但現在告訴您在內容上怎麼修改已經來不及了。我的建議是在形式上下點功夫，不要僅僅遞交一份文字資料，而是要製作成膠片，用投影機來輔助呈現。這樣可以讓客戶把要點看得更清楚，你們可以利用溝通互動來補足內容上的缺失。」

　　之後我們在小板凳上的談話堪稱奇葩。湛祥國先生把到哪裡買投影膠片、怎麼製作和保管膠片、膠片上應該呈現哪些要點鉅細靡遺的說明了一遍。他甚至還告訴我，用什麼樣的資料夾裝膠片比較美觀，以及提案過程中怎麼做好膠片和講話之間的銜接，要訣是什麼。

　　與湛先生分開後，我飛奔去買膠片、飛奔回到辦公室，開始用最原始的方式製作一套提案檔案。經歷了印表機和影印機的各種卡紙事故，我們一直工作到必須去趕火車的最後時刻。期間湛先生還打了一通電話給我，提醒我們要提前通知客戶準備投影機。語氣十分懇切而不好意思，彷彿是他給我添了很大的麻煩。

　　在最後一分鐘，老闆突然指著我的鼻子──你，一起去！好在那個時候的我，出門不需要行李。

────

　　整整一個晚上的時間，我們把火車臥鋪之間的小桌子當作投影機，模擬放膠片、換膠片以及準備各種台詞。

天快亮的時候，老闆又指著我的鼻子——你，講後半部分！我連拒絕都不知該怎麼說，也不懂得考慮其他人的感受，就跟抱著炸藥似的一臉決絕地下車了。

　　這家企業可能之前也沒辦過這種形式的活動，在巨大的會議室裡，除了帶頭部門，還有大老闆，以及二十多位來旁聽的人。大老闆的意思是：多叫點人來聽，大家有意見一起討論！

　　輪到我的時候，因為腿抖得實在太厲害，只能極為緩慢地走上臺去，緊緊貼著面前的桌子站著。這也是湛先生在講課時教授的技巧——實在緊張，可以用桌子抵住發軟的雙腿。往台下一看，喉頭乾裂，從喉嚨往下的心肝脾肺腎全都消失不見，只剩下空茫茫的一片。

　　我腦子裡唯一盤旋不去的是湛先生講話時的神態和語氣。像是被什麼附身似的，我機械地開始複述前一晚在火車上演練的「台詞」，以至於在過了很久之後，當時參與提案會的一位前輩告訴我，他們分明聽到了我用完全不同的口音和語調說話。我想，大概是復刻版的臺灣國語吧！

　　我們的介紹結束後，客戶方的主持人召集與會者提問題。大家提的問題都很具體務實；當然，為了篩選出合作者，必然也很尖銳。

　　從我自己身上，我深深地體會到，所有的自大都源於自卑，而那些最自卑的人身上往往會產生最強的攻擊性。那一天，我像一隻鬥雞一樣高度緊張，把所有提問都理解成了「挑釁」。往往發問者話音一落，我就用最快、最強勢的方式回應，滔滔

不絕，根本不給別人機會。用客戶後來的話形容，就是「一子彈、一子彈」地回答問題。

等到整場會議結束的時候，我站在會議室門口送別與會者。每個人經過我時都會和我握握手，然後笑著對我老闆說一句：「哎呀！這個年輕人口才真好！」

一瞬間，一個念頭突然出現在我的腦海裡：「完了！」

一點都不誇張，我感覺自己飄蕩到了半空中俯視整個會場，用另一種毫不相干的眼光檢視自己的所作所為。好幾年後，我聽柳傳志先生在談話中提到「退出畫面看畫」這一說法，腦海中浮現的就是這個場景。對方真實的感受是什麼？對方表揚你「口才好」時，他們的潛臺詞是什麼？如果湛先生在，他會怎麼處理剛才的一切？……

作為一個驕縱、任性、自大的獨生女，我一直以來經歷的都是以自我為中心的關係模式。而在那一天，得益於湛先生的指導，我第一次看到自己以外的那張人際關係大地圖，看到自己的前後左右，看到不同的角色、心態和利益，並且第一次有意識地去定位自己在地圖上的位置。

故事的結尾沒什麼「雞湯」——那天的提案並沒有為我們爭取到那個項目，一個經驗那麼少的小公司和進攻性那麼強的提案者，不太可能得到廣泛的支援。不過，我們還是很興奮，因為我們第一次知道「提案原來是這樣玩的」。

回到北京之後，我打了一通電話給湛先生，嘰哩呱啦的向他描述了這次提案中所發生的一切。電話那頭的湛先生非常高

興，提問了更多被我忽略的細節，非常委婉地指出了其中的問題。聽得出來，他是由衷地為我開心，用他的話來說就是「很有趣」。

我請求他給我一個機會請他吃飯。他說好好好，最近比較忙，之後找時間聯絡

之後，等了很久，聽說湛先生調到上海工作了。

再之後，直到今天，我再也沒有見過他。他只教過我那一次[2]。這次失敗的提案產生了兩個深遠的影響：第一，過了一段時間，這家客戶沒有再招標對比，直接把一個比較小的項目交給了我們公司，因為大老闆覺得「這家公司雖然小，但是精氣神不錯」。後續我們又開展了七個合作專案，這家客戶成為我們第一個拿得出手的重要案例。第二，到了第二年，公司開始尋找廣告代理之外的一些新業務，其中有一個與公益組織和用人企業合作，培訓退休族再就業、幫助他們做商場促銷員的項目。主管因為見過我在眾人面前的表現，大手又一次指到了我鼻子上──我成了這個項目的負責人和退休族的⋯⋯培訓師。我自己負責的第一個客戶、組建的第一支團隊、合作的第一家媒體、寫的第一篇文章、培訓的第一位學員、賺的第一筆獎金、買的第一部手機，都源於此。

而且，我有了自己的名片。

2　《傳燈記》於 2014 年發表後，有人把它轉傳給了湛祥國前輩，我也有幸再次見到了湛老師。當我趕到上海請他吃飯時，他一臉茫然──顯然，他幫過不止一個像我這樣茫然的年輕人，而他也早就忘了我是誰。

事後回想起來，那次提案還有一個最重要的影響，就是我的「求師之心」被激發了。因為湛先生對我的善意和幫助，在那之後，我不再害怕「被拒絕」，建立了一種「社交自信」。在很長一段時間裡，什麼人我都敢上去打招呼，多高級的辦公室的門我都敢敲。我也因此進入了一個「撲」老師的階段。

　　說「撲」，是因為在別人看來，這個初生之犢過於生猛。反正我什麼都不會，也沒什麼不好意思的，而且心裡老有碗烈酒墊底──「湛祥國先生都沒拒絕我」。因為工作需要，我撲過 20 世紀 80 年代的經濟界名人溫元凱、撲過易學專家張其成、撲過當時的樣板公司頂新、雀巢、可口可樂的經理們⋯⋯沒有任何人的背書和介紹，也沒支付過任何費用，他們都是在某個機緣巧合之下被我攔住，也都曾特別花時間解答我的問題，輔導或者幫助我完成各種不可靠的工作任務。

　　電影《臥虎藏龍》裡，玉嬌龍對她的師父說：「是你給了我一個江湖夢⋯⋯」我當時就想，這些做過我的老師的人，他們的指導像拼圖一樣，給我這個高中肄業生拼接起了一個神奇的商業江湖。

────

　　其實，一個混在北京的年輕人，有很高機率成為一個跑江湖的人。對我來說，真正的轉捩點出現在 1998 年。

　　某天，我路過一家飯店的會議室，看到裡面正在開一場培訓會。會場管理不太嚴格，我就溜進去坐在最後面旁聽了一會兒。講課的老師語氣十分淡定，內容卻是十二萬分地吸引人。

他在講「惠普之道」。

那時候最紅的本土企業是秦池、長虹什麼的，點子大王、十大策劃人、成功學大師們都還在市場上活躍。這位老師講述的戰略管理、4P 均衡發展等，在我聽來即使不是聞所未聞，也是從未有過的系統認識。

會間休息時，我衝上去與這位老師交流，詢問他什麼時候再講課，我想來認真完整地學習。但他說這次是幫朋友的忙，所以第一次辦公開講座，平時不在公司以外的地方講課。我立即追問：「如果我們也舉辦公開講座，可不可以請您來講課呢？」他愣了一下，說：「如果時間允許的話，可以試試。」

話雖出口，但其實我也不知道怎麼做。一轉頭，發現一位穿著飯店制服的工作人員站在會場後面旁聽，我立即過去問他是不是飯店方面的負責人。

他說自己是負責銷售的，於是我就問他租這樣一個會場要多少錢——我真的沒概念。當時，我們幫退休族講課的場地是借基督教女青年會唱詩班的排練場，就在（改造前的）王府井教堂後面的巷弄裡；雖然冬天得自己燒柴火，但是免費。甚至那時候為了省錢，我連便當都沒買給學員，而是與同事輪流在宿舍做飯，用三輪車推著便當送去教室。但眼前看著這位老師很高端，千萬不能去那裡啊！

這位酒店的銷售經理也很有意思，告訴我一個價格後，看出我嚇出了一身冷汗，反問：「你能接受多少錢？」我愣住了，沒見過這樣做生意的，咬著牙報了一個五分之一的價格。他想

了想說：「可以，但你要給我五個聽課的名額！」這時候的我已經比認識湛祥國先生時懂點事了。場地有了，我反回去問老師的講課費。老師也愣了，因為他之前從來沒收過講課費，知識份子也不好意思直接談錢。我們兩人討論了半天，互相推給對方，說讓對方定，最終商量定了一個今天看來低得令人髮指的講課費。

　　就這樣，我糊里糊塗的進入了培訓業。這位前輩，就是高建華先生，在之後的幾年間擔任過中國惠普公司助理總裁、首席知識官（CKO, Chief Knowledge Officer）、公司決策委員會成員、市場總監、戰略總監等職務，也是中國第一個CKO。我們整整合作了四年，我負責舉辦培訓會、接洽客戶的需求，高建華老師傾囊相授，將他在中國惠普的職業訓練、工作方法、戰略管理技術、市場行銷方法，毫無保留地教授給一批中國本土正在成長中的民營企業。我又進入了一個「說話很像高建華」的時期。

　　一開始我面臨的問題是，老師有了、場地有了，沒有學員。回家翻了一遍名片夾，發現裡面的人還是太少，想了想，我見過企業家最密集的地方是央視廣告部，立即走出門去了央視西門，找到因為替老闆跑腿而熟悉的廣告部行政祕書，嘰哩呱啦跟她說了半天。她笑著翻出了廣告部主任的名片夾給我，讓我去隔壁影印一份。於是，我就有了一大本企業家的通訊錄。

　　因為什麼都不知道，我便按照通訊錄一個個打電話、發傳真，忙了好久，到了實在不能不開班的時候，才賣出了十幾個

座位。這時候真的要感謝換給飯店的那幾個名額，保證我的會場裡坐了二十多個人，不算太難看。

學員少，服務好。高老師是一個絕不煽情的講師，就是老老實實地講知識。為了避免冷場，也怕大家不認真聽課，我又是擔任主持人，又是設計抽獎，又是評選優秀學員，非常的忙。配合高老師經典的課程，那次培訓會得到了與會者的高度評價。

其中，有一位特別認真聽課的學員被評選為優秀學員，獲得了第二次免費聽課的獎勵。他對我們的服務大加讚賞，留下了一句我寫在小本本上的評價：「這個世界不是有錢人的世界，不是有權人的世界，而是有心人的世界。」會後，身為公司副總裁的他，動員公司董事長帶著十幾位高階主管來參加我們的第二次培訓會，又把高建華老師請到企業去做指導，成為我們重要的客戶。又過了三年，他自己創業成功，特別到我們辦公室敘舊和感謝那次培訓會給他的啟發，同時提了一個重要的邀請，希望我們能夠成為他的公司的諮詢顧問。

這是我獨立負責的第一個諮詢客戶，這位元老級優秀學員，就是蒙牛集團創始人牛根生；蒙牛這家客戶，我有機會服務了整整十年。

高建華先生受過極好的理科教育，除了當過幾年廣院[3]的老師，從 20 世紀 80 年代中期起就在惠普和蘋果公司工作，是

3　即今天的中國傳媒大學。

中國最早的一批外商企業經理，是真正的「名門正派」。他最出名的是「絕不應酬」：在課堂上侃侃而談，在飯桌上十分沉默。據我觀察，這並不是他性格高傲或者孤寒，而是他真的不擅於做非正式溝通，更別提應酬了。

他讓我看到：一個人完全可以憑藉自己的專業力量來立足，不需要搞關係、不需要跑江湖，就能贏得他人的尊重。務外非君子，守中是丈夫。

年輕時的我是個極易受別人影響的人，又急於在社會立足，難免羨慕那些左右逢源、快速上位的江湖高手。高老師的及時出現，幫我徹底消除了「江湖化」的風險，讓我建立了職業精神和對專業主義的追求，並為我的職業生涯指明了一個堅定有力的方向。

時隔多年，我讀到宗薩蔣揚欽哲仁波切的著作，其中提到，學佛之人，與其拜菩薩，不妨直接觀想「自己就是菩薩」。觀察想像菩薩在這種環境中會怎麼做，是修行的一種方便法門。

我恍然大悟，覺得自己是一個運氣極好的人，因為什麼都不懂，也就不太在乎這個所謂的「自我」，誤打誤撞找到了一個最取巧的學習方式：做一名精巧的複製者和模仿者，代入導師的角色，觀想他們的行為和思維。

幸運如我，從只有一招之緣的湛祥國先生開始，到合作四年的高建華先生，他們都是有極強的職業精神和自律能力的人。在他們身邊，哪怕是極為短暫的學習，也讓我有機會把他們的精氣神悄悄複製一份打包帶走。在我門檻低低的職業生涯

中，他們幫助我建立起一道高高的防火牆：只要有對職業和專業的審美能力，就會有自我要求的底線。

再後來的幾年，我逐漸有了收入，開始到外面參加各種「社區班」，也讀了 EMBA 什麼的，但是學習卻不像早期那麼有效。我想，是因為生了「分別心」——太執著於做判斷。而最有效的學習是在你沒有判斷能力的時候全然接受、逐漸消化。實在吸收不來的，自然就排異了。

那些年，這些人，也許只有一期一會的機緣。但我總覺得，他們就像是上天在我人生道路上安放的路燈，此地早已經過，那光卻始終照亮。

第二盞燈：「易筋經」
一

親愛的天田：

我感受到巨大的恐慌是在 28 歲生日那天，當時我還有三個月就要從北大畢業，在未名湖邊坐了一晚上，來回反覆地想，對過去感覺到無比地恐慌。我確實對未來沒有設想太多，我難受於浪費過去 28 年的時間。客觀地說，我真正把自己當個人看，在 28 年中也就只有短短的四年而已。

可能因為焦慮提前爆發，所以 30 歲那年過得比較平淡，從心理上說如此。那年心態很好，去了之前那家公司，然後就拼命工作，結果把心態又搞糟了。到 34 歲那年，基本上是

糟得不能再糟了。不過我發現我們這代人的好處，或者不能說這代人，只能說我自己，我可能沒有這個資格代表哪一代人——我因為從小飽受打擊，雖然心態很糟，但是基本上還沒落下什麼心理疾病，厚著臉皮過了一年又一年，直到慢慢康復。

誰都有不如意，沒人過著十全大補的人生。只要心安，就是坦途。

你還沒到 30 歲呢！已經比別人走快很多步了，至少於我而言，在我是你這個年紀的時候，還在一家出版社混吃混喝。人總是看見自己沒有的部分，把它們看得更珍貴。

我很喜歡黃庭堅的一首詞，其中說：「風前橫笛斜吹雨，醉裡簪花倒著冠。」人生還遠遠沒有到秋涼之時，即便到了，也可以像他說的那麼可愛。他最後給的建議特別實在：「身健在，且加餐。舞裙歌板盡清歡。黃花白髮相牽挽，付與時人冷眼看。」我就借山谷[4]的詞當個遲到的生日禮物吧！

方希

不知道還有多少人保留著寫信的習慣，哪怕是透過 Email。這是出版人方希在我因為「奔三」生日而感到抓狂時寫給我的一封信。雖然現在看來「親愛的天田」這個稱呼完全不符合我們之間簡單粗暴的溝通習慣，但我一直存著這封信，

4　指自號山谷道人的黃庭堅。

急躁的時候就拿出來看看。

這樣的信我還保存很多。我相信，如果方希知道我把她歸類到「導師」一欄裡，多半會衝著我罵句髒話，覺得我很矯情。但是，事實的確如此，雖然我們年紀接近，日常相處完全是平輩朋友，但實際上，她的角色真的更像是位導師。

在認識方希之前，我由於「撲」導師的成功率越來越高，有點像被注入了好幾股真氣的令狐沖，習得了上乘的招數，卻因沒內力，體內真氣很快開始打架。說白了，我只是一個投機取巧的模仿者，善於複製，無能運化。

而與方希建立亦師亦友的關係以後，我像是無意間得到了少林絕學《易筋經》，開始調和體內的真氣，逐漸理順。能消化的就吸收了，也有一些習氣排異了。

方希對我的改造，是從引導我寫東西開始的。她本人是一位非常優秀的作家和出版人。在她的世界裡，表達有意義、有意思的文字沒有任何的障礙。但對於我而言，寫作是一座大山，沉甸甸地橫落在我面前。我總是為了寫而寫，也因此想出了很多避重就輕的招數。對此，她寫了封信給我，標題是《寫一本天衣無縫的書》，其中談道：

寫作是件麻煩事，不過反正都很麻煩，幹嘛不做點有難度的呢？有難度是有價值的前提，那些難度不大的事留給平庸的人做吧，費這個勁做什麼。要寫一本內容和形式天衣無縫的書，我的建議就這麼幾條：

第一，一定是自己說話的德性，既不是 S 的，也不是 B 的，更不是 SB 的，只是自己的；

　　第二，想想自己在做的事和價值目標，要全面匹配；

　　第三，想想目標讀者，他們都在你筆記本的對面，對著他們說話，掏心窩，撈知識，亮絕活。

　　在這三條寫書祕笈的指導下，我開始用「寫」來打通商業觀察的任督二脈，用「寫」來整合我的職業活動。令所有人沒想到的是，我居然成了一名商業雜誌的專欄作者。長期的、規律性的寫作活動使我克服了惰性，推進了我對商業活動的思考深度。也因為專欄的影響，我開始受邀在電臺做一檔小小的商業觀察節目。這個節目的播出，證明我在更大範圍內獲得了業內人士的認同和友誼[5]。我擁有了一個全新的社會身分，而這個身分最主要的影響，是讓我的父母終於可以一平我「輟學從商」的怨懟之氣。

　　以前，我並不為中止學業而後悔，因為我會用一張叫作「終身學習」的處方安慰自己。但逐漸地，我感到遺憾：因為沒有經歷過嚴謹正規的高等教育，我始終沒有建立起一種系統的治學方法。而在這一點上，方希對我的影響相當大，我連讀書的方式都是跟她重新學習。

　　方希是我見過最博聞強記的人，但只有去過她的書房，才

5　2012年，羅振宇、快刀青衣先後看到了我的專欄文章。我們找機會見了面、成了朋友。又過了兩年，我們決定成為合夥人，創辦了羅輯思維、得到 App、時間的朋友等知識服務品牌，一起創業至今。

會知道她其實是一個用多麼「笨」的方法來讀書的「聰明人」。她選書的標準很「硬」而口味很「重」，對任何一個她感興趣的學科都是從讀史入手，精選經典，再博覽前沿。她是一個認真用筆和紙來抄讀書筆記的人。她寫信和我聊過她心目中「會讀書的人」：

貫通的人往往如一縷清風，不管他是柔軟的還是堅硬的，都無礙。不貫通的人磕磕絆絆，自己還找到了彷彿高級的理由，這是自尋煩惱和自找麻煩。

有看書習慣，而且會看書的人是了不起的，因為看書是一種複雜的活動，它需要你既虔誠又挑剔，既信任又懷疑，而且它要求你像一攤水，一旦有新的水滴，馬上自然融入，彷彿從來沒有這顆水滴一樣。

這是我喜歡會讀書的人的理由。我不知道其他人是否也和我有同樣的感受，但我知道，一個視真相和更好的世界為價值方向的人，一定帶有某種令人心神嚮往的氣質，能壓制戾氣，護養慧根。

貫通，正是我長久以來所不能達到的境界。當時的我體內真氣衝撞、內心缺乏自信，是一個很糾結的人。

與方希交往，既有一起開會、一起構思選題、一起交流管理心得的一面，也有一起逛街、一起旅行、一起罵人、一起暴風式進食的一面。這對我來說，是完全新鮮的、全面的「生活課」。連我當時的合作者都說：「你這七八年以來，做的最有

價值的事情就是結交了方希這麼一個朋友。」

———————

我們經常交流管理組織的感受，她對我的業務和團隊也甚為熟悉。有一次在我們的年會上，我頒發了一個獎盃給她，上面刻著一行字：「精神合夥人」。有一年她擔任我們年會的演講嘉賓，演講的主題是「手藝人的世界」：

進入一個業界，首先要問這個業界裡最厲害的人是誰，達到什麼樣的標準能成為強者；其次，作為一個職人，要知道你的才能在哪，業界的「核心競爭力」是什麼；再來，不要去強調你的工具有多了不起，而是要去證明你能用工具創造怎樣的奇蹟。

一個人，要把羞恥心放在才能上。專業能力差的人就是行業的掘墓人，因為他模糊了業界的價值體系，讓全社會對這個業界失敬。作為一個職人，必須時刻反省、勇猛地驗證自己的才能有沒有過時。如果沒有這種勇氣，好才能也會爛在手裡。

才能可以幫助你形成一套方法論，來面對世界上的陌生事物，這樣的人對世界不會有偏見。

才能，是自己與世界呼吸吐納的方式。

那次演講之後，我們的團隊迅速形成了共識，做最接地氣、最務實求真的團隊。幾年過去，我們在業界成為一支以職人精神著稱的隊伍。可以毫不誇張地說，以這樣的名聲，我的每一個團隊成員在離開這家公司時，都能感受到自身市場價值的極

大增值。

新年，她寄了一封郵件給我們公司的合夥人：

你們公司的氛圍，合夥人之間的坦誠、信任、互助、親愛，是極為罕見的，就算將之歸於虛無縹緲的緣分，也需要堅實的品質做基底。如果說緣分像利息的話，人品就是存款額，你們存的定期還超級長，你們存的銀行也絲毫不受金融環境和通貨膨脹的影響，像是人間單獨闢出的天堂銀行。正念之所以可貴，不是因為我們經過漫長駿黑的隧道，終有一天會拿它換到光明和財富。正念本身就是光明財富，持有正念，我們就已經身處福中，獲得足夠的勇氣和報償。真正的新年將至，祝諸位精神合夥人永持正念，在陽光下呼吸吐納，承瑞含英。

第三盞燈：和尚何大

一

說來真不好意思，我之前一直沒弄清楚，「大和尚」原來不是說和尚長得多高多胖，而是對寺院住持的一種尊稱。而我此生結識的第一位大和尚，就是河北柏林禪寺住持明海大和尚[6]。

這位畢業於北京大學哲學系的學生，二十年前揮別了北大才子的世俗世界，悄然來到當時還是一片廢墟的千年古道場，追隨淨慧和尚一起復興柏林禪寺。

---

6 現任中國佛教協會副會長（駐會）、中國佛學院常務副院長。

初見明海師父，覺得他一點兒也不「大」。有的人身材高大，但明海師父很清秀；有的人派頭大，但明海師父極內斂。如果非要形容相貌，明海師父擔得二字：靜和淨。這是我第一眼看到他的印象，直到今天也仍然保持著這種印象。

明海師父的靜，不是簡單的安靜，而是蘊含著從容、淡定、波瀾不驚的沉靜。靜得有故事、靜得有張力，就像不知不覺把身邊人吸納到一泓水中裡。他講法時、走路時、泡茶時、寫字時，你都能感受到那種讓人微微戰慄的靜。我也注意到，無論什麼人，來到他面前，都會不由自主地變得安詳和斯文起來。

我記得非常清楚，第一次見到明海師父，是在 2007 年 3 月 11 日下午。28 歲的我已經成了別人口中典型的少年得志，有公司、有不動產，在朋友裡說不上談笑有鴻儒，至少算往來無白丁。經過十年毫不鬆懈的狂奔，物質生活上已經頗為自在，不示弱的好強性格，讓我可以忍受創業的孤獨，卻不能消解與全世界對抗的壓力。跑了十年的我，在心裡上已經上氣不接下氣：自己缺少大平臺的歷練和積累，專業發展遇到瓶頸，想放棄主控權請高人來合作，卻導致老班底紛紛離散，從 2005 年到 2007 年之間遇到各種合作上的問題，在個人感情生活方面也有很多不順。實在是撞得一頭包，苦不堪言。

見面之後我賣弄小聰明：「我過去常常會在內心執著於別人對我的不好或不公，現在突然明白，這一切都是在若干時間以前存下的某種因果，若我記恨或報復，這業報還將在未來繼續；若我忍耐或接受，這關係將會得到停止和平息。想通這點，

內心十分歡喜。」

想不到大和尚微微點頭道：「我理解你的感覺……」說實話，當時我內心十分酸楚，好像有一種隱隱的情緒被觸動了。但是，他接著開示道：「不要把人概念化，其實沒有好與不好之分，一開始判斷就錯了，修行者要識別善惡，更要超越善惡。」

鐺！棒喝！

在明海師父身上，我隱約看到了一種自己所嚮往的通透溫潤的風範，而他以真實之身證明了這種風範是實實在在存在著，是可修煉、學習的。

之後，他送了一本他批註過的書給我，書名《狂喜之後》，扉頁上題寫著：「於暗夜中為作光明，於失道者示其正路，於病苦者為作良醫，於貧窮者令得伏藏。」在他給我上的第一課裡，修行不是為了躲一個清淨，修行的基礎是精進與擔當。做事也是修行，商業也是修行。

隔了很長一段時間後，明海師父於有一次看似無意地說道：「與人交往，要做好兩個前提準備：一是要堅信對方是好人，二是要明白對方是凡人。

是好人，就必然有向善、行善的需求；是凡人，他的情緒和意識就必然有善變、不穩定的一面。在這兩個前提下與人交往，必然會超脫和豁達，也會更具備與人方便的能力。」

他非常看重「方便」這兩個字，我曾多次在不同場合聽到他開示「方便」的內涵：何謂「方便」？佛學裡所講的「方便」

是慈悲和智慧結合的力量，慈就是給人快樂幸福，悲就是解除人的痛苦。修行者不僅要發出慈悲的心願，更重要的是還要有大智慧來實現。

明海師父最能給人留下深刻印象的美德，是他似乎時時刻刻都在內省，一念不停地處在自我省察的狀態之中。他辦過很多社會公益活動，在社會各界的讚嘆中，他卻公開反省說：「身邊的眾生比遠處的眾生重要，內心的眾生比外部的眾生重要，如何服務眾生、幫助眾生，怎樣過得更好，是一個值得思考的問題。」因此，他給自己定了一項「政策」：盡可能減少社會活動，把更多時間奉獻給寺院。他把這稱之為「守土」。

我很不恭敬地問：「將軍才守土，你是和尚，守土幹什麼？」沒想到，他反駁道：「和尚也是將軍啊！要跟煩惱作戰！」

有時候，我也會與明海師父探討管理問題。他身為寺院的住持，事務性的工作也很繁忙，忙得不可開交時，就嘲笑自己像個總經理。有一次喝茶時，我隨口提了管理的閉環，他是第一次聽到這個詞，很認真地問我，這是什麼意思？我就大概地說了一下 PDCA 的管理循環[7]，沒想到，他馬上說：「嗯，有點意思。其實我們出家人也要講閉環，是心的閉環。管理者講任務，出家人講發心，那就要在做事之後回歸本心，回到自己的初發心，實現心性的閉環，這樣做事就不再把好壞、成敗作

---

7 美國管理學家戴明提出的理論，由計畫（Plan）、執行（Do）、檢查（Check）、處理（Act）這四項工作流程組成。

為唯一標準了。其實人時時刻刻都可以在做工夫、在修行，關鍵是心念繫在什麼地方。你們管理學講人力資源，我們修行者要講心力資源，把信力、願力等心的力量當作資源來管理。歸根結底，人力資源就是心力資源。管理就是要把人們從心力交瘁變成心力充沛。」

說到決策，他有一次對我說：「你一定要把所學運用到做事中去，要把所學和做事聯繫起來。做事的話，經驗、體驗很重要，在做決定之前一定要跨出自己的圈子多聽聽意見，同時一定要知道，世界上沒有百分百的圓，也沒有百分百的直線，都是有偏差的，因此要預見、包容、適應這種情況。合作，最重要的一關是——學會放棄。」

輸贏、對錯、是非，如果能夠超越這些、容納這些，人就會圓融起來。和明海師父學習四年後，我為自己寫下了這樣一句話：「與自己和解，對世界示好。」我重整了自己的生命資源，特別是人際關係資源，與身邊眾生的相處也更加柔和圓通。

中間有幾年，明海師父宣布閉關。在此之前，他給我留下的重要修行法門是：「你的功夫最淺之處在定。修定力，每天要有一段時間留給自己獨處，跟自己在一起。所謂獨處就是說，真正讓你的思想、感情獨立，不依賴於什麼東西。總之，我們現在是越來越複雜——生活越來越複雜，人際關係越來越複雜，互相之間的聯繫也越來越複雜，因此專注也需要訓練。可以在生活中，也可以在事業中訓練。比如，選擇一個事業不

要總是變換，做一個就一直做下去，總會讓你走出一條路來。」

整整分別了三年，2013年春天，我們在北京重逢。他沉默地觀察我良久，為我開示：只有把「二元對抗」的心性從根本上打破，才能得到解脫。

心性如野馬，是需要調伏的，調伏我們的因緣有很多，但不同的人、不同的因緣所達到的調伏深度是不同的。明海法師的傳燈之緣，讓我有機會用信仰調伏自己。從爭強好勝到持中守庸，在世俗生活之外，他的這一盞燈，為我開啟了一個純粹的精神世界，讓我可以從中覺察有限、窺見無限，讓我可以經常從熟悉、嘈雜的商業活動中升起出離心，伸頭到另外一個世界裡呼吸幾口新鮮空氣。我的世界，因此而完整豐滿。

————

有人問，一路走來，你吃了不少苦吧？其實並沒有。因為每當走到幽暗處，就有人剛好點亮了一盞燈。老話常說，世上沒有捷徑可走，我倒是覺得，那些指點過我、照亮過我的人，就是我的捷徑啊！

我常常想，如果我錯過了任何一位傳燈者，那麼，我會是誰？

富能量 0115

幹得漂亮！

作　　　者：脫不花
責任編輯：林麗文、林靜莉
封面排版：木木 LIN
內文排版：王氏研創藝術有限公司

總 編 輯：林麗文
主　　編：高佩琳、賴秉薇、蕭歆儀、林宥彤
執行編輯：林靜莉
行銷總監：祝子慧
行銷經理：林彥伶

出　　版：幸福文化出版／遠足文化事業股份有限公司
發　　行：遠足文化事業股份有限公司（讀書共和國出版集團）
地　　址：231 新北市新店區民權路 108 之 2 號 9 樓
郵撥帳號：19504465 遠足文化事業股份有限公司
電　　話：(02) 2218-1417
信　　箱：service@bookrep.com.tw

法律顧問：華洋法律事務所 蘇文生律師
印　　製：呈靖彩藝有限公司
初版一刷：2024 年 11 月
定　　價：460 元

國家圖書館出版品預行編目 (CIP) 資料

幹得漂亮！／脫不花著 . -- 初版 . -- 新
北市：幸福文化出版社出版：遠足文化
事業股份有限公司發行, 2024.11
　面；　公分
ISBN 978-626-7532-19-5(平裝)

1.CST: 職場成功法

494.35　　　　　　　113011431

ISBN 9786267532195（平裝）
EAN 8667106518673（博客來獨家版）
EAN 8667106518680（誠品獨家版）